[口絵1]　本書のテーマとなるスイッチング電源の構成

ドロッパ型なみの超低ノイズを実現した ***LLC* 共振型スイッチング電源**の構成例．サンケン電気(株)，HWB030S-15，入力：AC100 ～ 240V，出力：DC15V・2.6A(39W max)，効率 80%(typ)，雑音端子電圧は VCCI クラス B，FCC クラス B，CISPR クラス B に対して約 20dB のマージン．雑音電界強度は VCCI クラス B，FCC クラス B，CISPR クラス B に準拠．超低ノイズ仕様であるため半導体製造，試験機器，医療機器，計測制御機器などにも使用することが可能である．次ページにノイズ測定例を示す．

究極は，このような超低ノイズ・スイッチング電源を設計できるようになることが，本シリーズ書籍の目的の一つである．

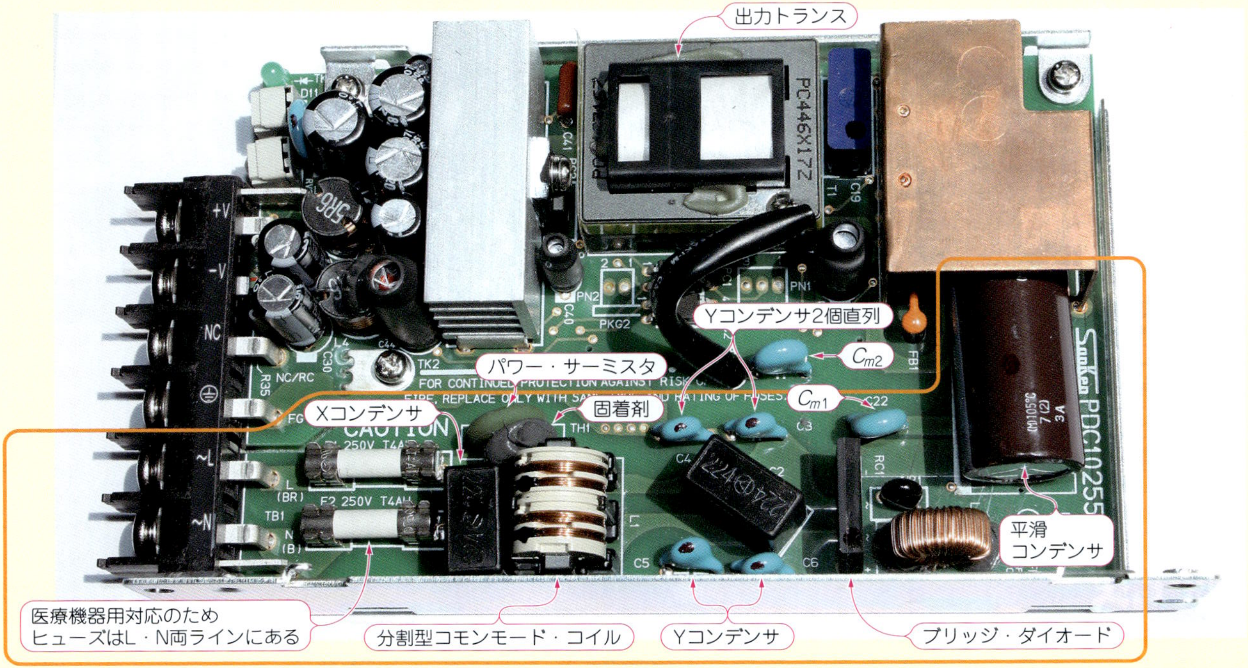
出力トランス
Yコンデンサ2個直列
C_{m2}
パワー・サーミスタ
C_{m1}
Xコンデンサ
固着剤
平滑
コンデンサ
医療機器用対応のため
ヒューズはL・N両ラインにある
分割型コモンモード・コイル
Yコンデンサ
ブリッジ・ダイオード
AC 入力 1 次側エリア

はじめに

　近年エネルギー需要が増え，低炭素社会の実現が求められています．エネルギーにはいろいろな種類がありますが，そのなかでも電気が消費する率（消費者電力化率）は現在全エネルギーのうち20％台であり，戦後一貫して増えています．電気はエネルギーの中でもずば抜けて扱いやすく，細かく調整できるので省エネにも貢献でき，物ではないので匂いもなく，運ばなくてもよく，汚くならず，場所もとりません．

　ガス・コンロがIHクッキング・ヒーターに，石油ストーブがエアコンに，ガソリン自動車がハイブリッド車に，そして電気自動車にと変わってきています．しかも扱いが簡単なのでこれからの快適生活にも，とくに高齢化社会にも適していて，高い伸び率が予想されています．この傾向，30年以上は続くといわれています．

　電力供給面でも，災害対策や低炭素社会に役立つ自立分散型エネルギー・システムの導入が動き出しました．太陽光，風力，小規模水力発電などがあり，これらを最適に利用するにはパワエレ（**パワー・エレクトロニクス**）の技術が必要です．パワエレは，市場平均よりも大きな伸びが期待されています．長年パワエレの仕事をしてきた筆者にとって，仕事はこれからも続き，本書のニーズも続きそうで，とても喜ばしいことです．そして改善・改良によって電気エネルギーをもっと有効に使うことで，将来の低炭素社会にも大いに貢献できそうです．

　このようななか，商用電源から受電する電子機器にはスイッチング電源が使われることが多く，まだまだ変換効率が十分でなく，改良の余地が多く残っています．

　スイッチング電源は電圧を変換するのが目的なので効率は高いほど良く，限界がありません．エネルギー消費は必要ないため，究極は損失ゼロ近くまでにすることが理想です．現在日本の電力使用量は約1兆kWh／年であるので，電源の変換効率をわずか1％アップさせることによって，100億kWh／年の省電力になり，また電源OFFにしたときの待機電力の省電力化が進めば，金額にすると20円／kWhとしても200億円／年の節約になります．まだまだ改良の余地は残っています．

　スイッチング電源は，携帯電話やスマホなどの高度な動作の電気製品とくらべるとサイズは大きく，古典的なインダクタンス，コンデンサ，トランス，ダイオードとスイッチング素子のMOSFETがおもな部品です．出来あがった電源を見ると，

簡単に作れそうにも見えます．しかし，実際はアナログ動作で，回路図にはない，あって欲しくないパラメータ（浮遊容量，浮遊インダクタンス，漏れインダクタンスなど）が大きな位置を占め，シミュレーション結果とはかなり異なる波形が出てきます．異なる部分が，損失やノイズ・トラブルの原因になるところです．高効率でノイズの少ない電源を作るには，シミュレーション波形と実際の波形とが違った部分をうまく利用しなければなりません．

　これには場合々々によって異なるプリント基板での部品配置や配線において，トランスやインダクタの磁気的特徴などをよく理解した設計にしなくてはなりません．しかもスイッチング電源は，その機器の中でもっともパワーの大きい部分です．わずかな設計不良でも破損しやすく，発煙発火の危険が高い部分です．損失による発熱も大きく，結果，寿命が短くなったりします．しかも，これらを全般的に処理できるベテランになるにはかなりの経験と年月が必要です．よって，これからも安全性・信頼性の高い電気・電子機器を作るためには，パワエレ技術者が欠かすことのできない存在となります．

　本書は，パワエレ技術者を育てる目的で行っているいくつかのスイッチング電源セミナなどの原稿のなかから，トピックを整理・ピックアップして，不足するところは追記し，ノウハウを出来るだけ書きまとめました．まとめるにあたって，スイッチング電源は原理的に高効率であるので，まずスイッチング電源の原理を理解すること，それに伴って原理的な動作と違ってくるところと，その差がどういう原因で出ているかを理解できるよう，実際の設計に使う部品のふるまいや定数の算出式まで説明することにしました．

　スイッチング電源の回路方式はいろいろありますが，部品や配置，大きさが変わると最適の回路方式も変わってしまいます．現在でも，この方式がもっとも良いという決定打がなかなかありません．A社ではこの方式がもっとも良いという結果がでても，その方式をB社で使ってみると他方式のほうが良かったという結果になることがよくあります．原因は回路図にないパラメータの違いだと考えています．パラメータの違いの原因はプリント基板における部品の配置や配線だったり，トランスの巻き方だったりします．つまり，設計によって製品の良さにバラつきが出る分野なのです．技術者の出番が多く，おもしろいところなのです．

　これらおもしろいところを少しでも感じていただき，電源の開発や設計，製造にかかわるパワエレ技術者の方々の参考になって役立てれば幸いです．

2015年　春　森田浩一

スイッチング電源設計シリーズの刊行につきまして

　CQ出版社では時代の要請に応えるべく，初心者からでもとりかかれる高効率・低ノイズを実現する「スイッチング電源設計」のための書籍を用意することにしました．著者は長年にわたりスイッチング電源および同ICの設計に携わってこられた森田浩一氏です．メーカを退社された後，設計コンサルティング業務を行いながら，技術者向けセミナーなどのために準備されたテキストを素に，独学者，初心者にも十分理解できるよう，かつノウハウおよび実用性を加えて書き下ろしていただいたものです．結果，たいへん長大な原稿となってしまい，残念ながら分割した形での発行形態をとらざるを得なくなりました．シリーズ本とした所以です．

　ただ，スイッチング電源を設計できるようになるには，初心者にとってはやや苦手と思われる「ディジタルではないきめ細かい電子回路…アナログ技術」を習得する必要があります．このシリーズでは，スイッチング電源を構成するうえで共通する「アナログ回路の要素技術」と，設計難易度と関連する「出力の大きさごとの回路技術」に分割して解説することにしました．

　以下のように4冊シリーズになる予定です．
- スイッチング電源[1]　AC入力1次側の設計…2015年4月発行（本書）
- スイッチング電源[2]　要素技術のマスター…2015年10月発行予定
- スイッチング電源[3]　小容量コンバータ…2016年2月発行予定
- スイッチング電源[4]　PFC＋LLCコンバータ…2016年6月発行予定

■スイッチング電源[2]　要素技術のマスター
　[回路技術 / 制御IC / MOSFET / コイル / トランスを学ぶ]の内容
① スイッチング電源 回路技術のあらまし
② スイッチング電源用ICの活用
③ パワー・スイッチング素子のあらまし
④ スイッチング電源のためのMOSFET活用ノウハウ
⑤ MOSFET活用による同期整流回路の設計
⑥ スイッチング・ノイズを抑えるスナバ回路の設計
⑦ コイル/トランスの基礎
⑧ コアにまつわるエトセトラ
⑨ 巻き線にまつわるエトセトラ

「スイッチング電源の設計[1] AC1次側の設計」まえがき

　本シリーズは，独学者・初心者にでもスイッチング電源全般が設計できるようになることを目標としています．そのためAC入力側から順に，何冊かに分けてまとめることになりました．本書では「AC入力1次側の設計」について解説しました．

　AC入力1次側は，商用ACラインの電圧を整流して直流高電圧を得るだけですから，大した技術は必要ないように見えます．作ると簡単に動作してくれます．ところが大抵はそのあとで，保護回路がうまく働いてくれているか，安全規格に合格した部品を適切に使用しているか，ノイズが各規格の許容値に収まっているか，安全のための沿面距離や空間距離がとれているか，注入ノイズや雷サージなどに耐えられるかなどの問題が生じます．本書はその疑問・不安をクリアするためのものです．

　第1章では電気エネルギー，商用ACラインの構成，および，なぜ今スイッチング電源技術が注目されているかの全般的な解説です．

　第2章は，電気エネルギーをACラインから安全に受電するための注意点として，電源スイッチ，ヒューズの使い方，ACラインから入ってくる可能性のあるサージへの対策を紹介しています．ACラインは供給できるパワーが大きいので，感電や発煙発火の可能性があり，安全に関しては細心の注意が必要だからです．

　第3章は，スイッチング電源の大きな欠点ともいわれている「ノイズ」への対策法を解説しています．ノイズ発生のメカニズム，ノイズの伝搬経路，それを抑えるためのライン・フィルタの動作，ライン・フィルタを構成するコモン・モード・コイルの特性，そしてXコンデンサ，Yコンデンサのあり方，設計上のポイントなどについての解説，ノイズの各規格と測定方法について説明しています．ノイズへの対策は，後手にならないことがとても重要です．

　第4章は，スイッチング電源で圧倒的に使われているコンデンサ入力型整流・平滑回路について解説しています．ダイオード・ブリッジの選び方，コンデンサ入力型ブリッジ整流回路の出力電圧や入力電流，リプル電圧を「O.H.Schade のグラフ」を参考に，さらにリプル電圧やリプルのボトム電圧，力率のグラフを示しています．電源としての停電保証時間を実現する設計や，電解コンデンサの寿命設計についても解説しています．

　第5章はコンデンサ入力型整流回路において欠かせない，突入電流制限回路の設計法です．スイッチング電源の容量によって異なるいくつかの突入電流制限回路の設計法，さらにもっともよく採用されているパワー・サーミスタによる方法を詳しく解説しています．

〈森田浩一〉

スイッチング電源[1] AC入力 1次側の設計

目次

[口絵1] 本書のテーマとなるスイッチング電源の構成
[口絵2] 本書で紹介するおもな電源回路部品

はじめに ———————————————————————— 003
スイッチング電源設計シリーズの刊行につきまして ——— 005
「スイッチング電源の設計[1]AC1次側の設計」まえがき ——— 006

第1章 エレクトロニクス機器の電源技術考 ——— 011

1-1 電気エネルギー…交流と直流 ——— 011
エレクトロニクス機器ではエネルギー源が必須　011
しかし大きなエネルギーは交流で　012
柱上トランスの役わり　014

1-2 電子回路には直流安定化電源が欠かせない ——— 015
電圧を安定化した直流電源が欲しい　015
直流電圧を安定化…自動調整したい　017
トランジスタが発熱する　018

1-3 スイッチング電源技術の登場 ——— 020
スイッチングの時比率…デューティ比で制御する電源　020
DC-DCコンバータとスイッチング電源の違い　023

第2章 1次側の安全設計…ヒューズとサージ・アブソーバ — 024

2-1 AC入力1次側構成のあらまし ——— 024
電源スイッチはどうする？　024
デジタル家電などではスタンバイ電源…待機電力との協調が必要　026
時代は低待機電力化へ　028
国内使用かワールド・ワイド入力対応か　030
安全保持への対応…ヒューズが必須　030
ノイズ発生を抑える工夫…ライン・フィルタと突入電流制限回路　032

目次　007

2-2　安全保持のためにヒューズは必ず装備 ── 034
電源の故障による2次災害阻止が主目的　034
突入電流への考慮が必要　035
耐ラッシュ電流型/タイム・ラグ型ヒューズを使用する　037
スイッチング電源以外では定格電流の約2.2倍を選ぶ　038
突入電流への耐量はヒューズのI^2t(ジュール積分値)特性で確認する　039

2-3　スイッチング電源におけるヒューズ選択の実際 ── 043
変換効率，力率，突入電流を考慮して選ぶ　043
安全規格認定品であること　044
ヒューズの定格電流を選ぶとき　046
異常時のヒューズ溶断条件　046

2-4　AC入力部のサージ耐力を強化するサージ・アブソーバ ── 047
AC電源ラインから入って来るサージへの対応　047
セラミック・バリスタとガス入り放電管の使い分け　049
セラミック・バリスタを使うとき…耐量寿命がある　050
バリスタの抑制するサージ耐電圧とサージ耐量の求め方　053
ACライン-フレーム間にはガス入り放電管＋バリスタ　054
Column(1)　AC入力1次側における絶縁距離　033
Column(2)　電源回路の実験は絶縁トランスを使って　042

第3章　ノイズEMC対策とライン・フィルタの設計 ── 057

3-1　なぜAC入力1次側にノイズEMC対策？ ── 057
スイッチング電源自体がノイズ源である　057
ノイズ発生を抑えた共振型スイッチング電源も増えてきた　060

3-2　電源＝ノイズ源搭載機器では電磁環境両立性…EMCを管理 ── 062
国ごとの規格に準じる必要がある　062
電磁障害EMIは伝導ノイズ＋輻射ノイズ　063
情報技術装置ITEにおけるノイズ規格…クラスAとクラスB　067
伝導ノイズ・レベルの計測は準尖頭値検波による　068
電磁的感受性EMSの規格　068

3-3　ライン・フィルタの役割と設計 ── 069
ノイズには二つのモード…ノーマル・モードとコモン・モードがある　069
ライン・フィルタ 動作のあらまし　072

コモン・モード・インダクタンスを大きくしたい　074
製造コストを改善した閉磁路コア…日の字コア　075
周波数特性改善のための分割ボビンも　077
漏れインダクタンスをノーマル・モード・コイルに利用する　078
Yコンデンサを選ぶとき　083
Xコンデンサを選ぶとき　084
医療機器用途では漏れ電流規格が厳しい　084

3-4　スイッチング電源ノイズ対策のノウハウ ── 086
ノイズ対策を行うときの考察手順が重要　086
回路図に現れない寄生要素（LCR）がノイズ要因になることが多い　087
ライン・フィルタ設計時の留意事項…現実とは測定条件が異なる　089
ピーク電流によるコアの磁気飽和に注意　089
輻射ノイズへの対策…ホット・エンドをコールド・エンドで隔離する　090
輻射ノイズへの対策…電磁結合を小さくする視点　090
現実的なライン・フィルタは　093
2次側…出力側フィルタの効果は　094
Column（3）　電源回路設計では電流プローブの使用が欠かせない　070
Column（4）　巻き線の分布容量　080
Column（5）　オーディオ・ビジュアル機器とスイッチング・ノイズ　095
Column（6）　スイッチング電源の出力ノイズ測定には剣型プローブ　096

第4章　AC入力1次側 整流・平滑回路の設計 ── 097

4-1　整流回路のあらまし ── 097
整流・平滑後のDC高電圧を100〜375Vにする　097
整流・平滑は…コンデンサ入力型整流回路が多い　097
平滑コンデンサに大きなピーク電流が流れる　099
力率を低下させないためにはチョーク入力型整流回路だが…　101
高電圧を得るとき便利な倍電圧整流回路　101
トランスのセンタ・タップを利用した整流回路　103
整流回路を切り替えてワールド・ワイド対応にすることも　104

4-2　ブリッジ整流回路の設計 ── 105
整流にはブリッジ・ダイオード　105
無視できないブリッジ・ダイオードの順方向電圧V_fによる損失　106
ブリッジ・ダイオードの放熱はどうする？　108

　　　　突入電流（サージ電流）への配慮も **109**

4-3　コンデンサ入力型平滑回路の設計 ─── **112**
　　　　整流・平滑回路から見たスイッチング電源は定電力負荷　**112**
　　　　平滑コンデンサ C_i の概略値を求めるには　**113**
　　　　O.H.Schadeのグラフを援用すると詳細の数値が得られる　**114**
　　　　図4-15 グラフからの読み取り計算例　**115**

4-4　平滑回路の定数設計とアルミ電解コンデンサの選択 ─── **125**
　　　　アルミ電解コンデンサの決め方…まず耐電圧から　**125**
　　　　平滑コンデンサの容量…(1) リプル電圧 V_{rpp} から検討する　**126**
　　　　平滑コンデンサの容量…(2) 停電保持時間から検討する　**129**
　　　　20msの停電保持を期待するときのコンデンサ容量　**131**
　　　　平滑コンデンサを流れるリプル電流による発熱への考慮　**131**
　　　　アルミ電解コンデンサには寿命がある…10℃・2倍則　**135**
　　　Column(7) 整流ダイオードがノイズ発生源　**111**
　　　Column(8) 停電信号の発生　**132**

第5章　突入電流制限回路の設計 ─── **136**

5-1　突入電流制限への工夫と設計法 ─── **136**
　　　　AC電源が投入されるときの課題…突入電流　**136**
　　　　小電力…数W以下のACアダプタでは抵抗器で突入電流を制限　**138**
　　　　小電力〜中電力…200Wクラスまではパワー・サーミスタで制限　**139**
　　　　大容量電源ではサイリスタ方式　**140**
　　　　さらに大容量ではトライアックによるゼロ・クロス・スイッチ　**141**
　　　　サイリスタ/トライアックには安全のための温度ヒューズを併用する　**143**

5-2　パワー・サーミスタによる突入電流制限回路の設計 ─── **144**
　　　　パワー・サーミスタのふるまい…熱時定数による遅れを理解しておくこと　**144**
　　　　実際のパワー・サーミスタで動作を検討する　**146**
　　　　整流・平滑回路でのパワー・サーミスタの特性を確認するには　**149**
　　　　パワー・サーミスタは常に高温度になっている　**150**

参考・引用＊文献 ─── **152**
索引 ─── **154**
著者略歴 ─── **159**

スイッチング電源[1] AC入力 1次側の設計

第1章
エレクトロニクス機器の電源技術考

本書の目的・位置づけを明示するために設けたプロローグ的な章です．
まずはエレクトロニクス機器における電源，
およびスイッチング電源のあらましを理解しておきます．

1-1　電気エネルギー…交流と直流

● エレクトロニクス機器ではエネルギー源が必須

　身の回りで多くの便利を実現している電気・電子機器では，エネルギー源として電源を欠かすことができません．もっとも省エネと思われる腕時計でさえ，1.5V×1μA＝1.5μW程度の電力エネルギーを消費しており，最新技術を集めたスマホや携帯電話などの充電器においては4～10W程度のエネルギーが必要です．照明

[表1-1] 身近にある電気機器・電子機器の消費電力
近年は電池動作の電子機器が増えてきている．AC入力電源で動作はするものの，機器内部がDC電源だけで動作するものも増え，AC電源のままで動作する機器は減る傾向にある

電池(DC)だけで動作するもの		腕時計(数μW)，携帯電話(5～10W)，スマートホン(10～20W)，携帯ゲーム機，デジタル・カメラ，ラジカセ，ノートPC(50～150W)，タブレット端末，携帯ラジオ，携帯型測定器，携帯型医療器，除細動器，懐中電灯など
AC入力電源で動作するもの	ACをDCに変換して使用する	サーバー，パソコン(150～300W)，計測機器，医療機器，液晶テレビ(32型：150W)，音響機器，電子楽器，アミューズメント機器，LED照明
	ACのまま使用する　モータ系(注1)	エアコン(800W)，冷蔵庫(400W)，洗濯機(500W)，掃除機，扇風機，換気扇，電動工具
	光系	電球(60W)，蛍光灯(注1)(40W)
	熱系	床暖房(1kW)，こたつ(600W)，炊飯器(300～700W，IH型：700～1300W)，トースタ(800W)，電気ポット(800W)，アイロン(1200W)　など

(注1)　近年はDC化しつつある
(注2)　カッコ内のW数は典型的な例を示した．改良され，少なくなっているものも多い

…光，電気こたつ…熱，洗濯機…動力などの機器においてはさらに大きなエネルギーが必要になることはご存知の通りでしょう．**表**1-1に，おもな電気・電子機器のエネルギー供給形態と必要とされる消費電力について整理してみました．

　表1-1からうかがえることは電気・電子機器のエネルギー供給源として，大きくは交流（AC）電源と直流（DC）電源とになっていることです．しかし時代の変遷を重ねてみると，以前の便利は光や熱，動力などによる**交流エネルギー**を利用する「**電気機器**」と呼ばれるものが多かったのが，近年では半導体技術の進化とディジタル化による情報化時代となり，**直流エネルギー**によるいわゆる「**電子機器**」と呼ばれるものが主流になっていることがわかります．以前は電池…直流で動かす機器はどちらかと言うと補助的であったのですが，近年は交流で動かす機器のほうが補助的になりつつあることに気づきます．

● しかし大きなエネルギーは交流で

　とはいえ，大きな電力の製造には火力発電所・水力発電所・（原子力発電所）などが欠かせません．発電のメインは，タービン発電機によって50あるいは60Hzの交流（正弦波）エネルギーが生成されています．Hz…ヘルツとは1秒間に同じ波形を何回繰り返したかの単位で，**周波数**と呼ばれています．50Hzでは1秒間に50周期の波形が繰り返され，60Hzでは1秒間に60周期の波形が繰り返されます．日本国内では，この周波数が二つに分かれています．東京電力地域より東側（新潟，群馬，山梨，静岡県富士川以東）は50Hz，中部電力地域より西側（富山，長野，静岡県富士川以西）は60Hzとなっています．

　この周波数問題は，電気が導入された明治時代，東京では**ドイツ製**50Hzの発電機，大阪では**アメリカ製**60Hzの発電機を輸入したことが原因のようです．その後，周波数統一の話は何回かあったようですが実現せず今日にいたっています．1970年代以前は，東京から大阪に引っ越すと周波数が違うことから，レコード・プレーヤ（プーリの交換）や電気時計（ギヤの交換），電子レンジ（鉄共振方式），蛍光灯器具，冷蔵庫，洗濯機などにおいて，場合によっては使えなくなるということがありましたが，近年はインバータ方式の導入によってそのような心配はなくなりました．

　そして発電所から送電される交流は，じつは22万V（ボルト）とか，50万Vとかの非常に高い電圧になっています．大きなエネルギーを長距離にわたって送るには，高電圧による送電が効率的なのです．**図**1-1に発電所から個人宅までの送られている交流エネルギーの配電系統の例を示します．

　電力エネルギー　W（**ワット**）は［電圧×電流］です．同じエネルギーを送るには，

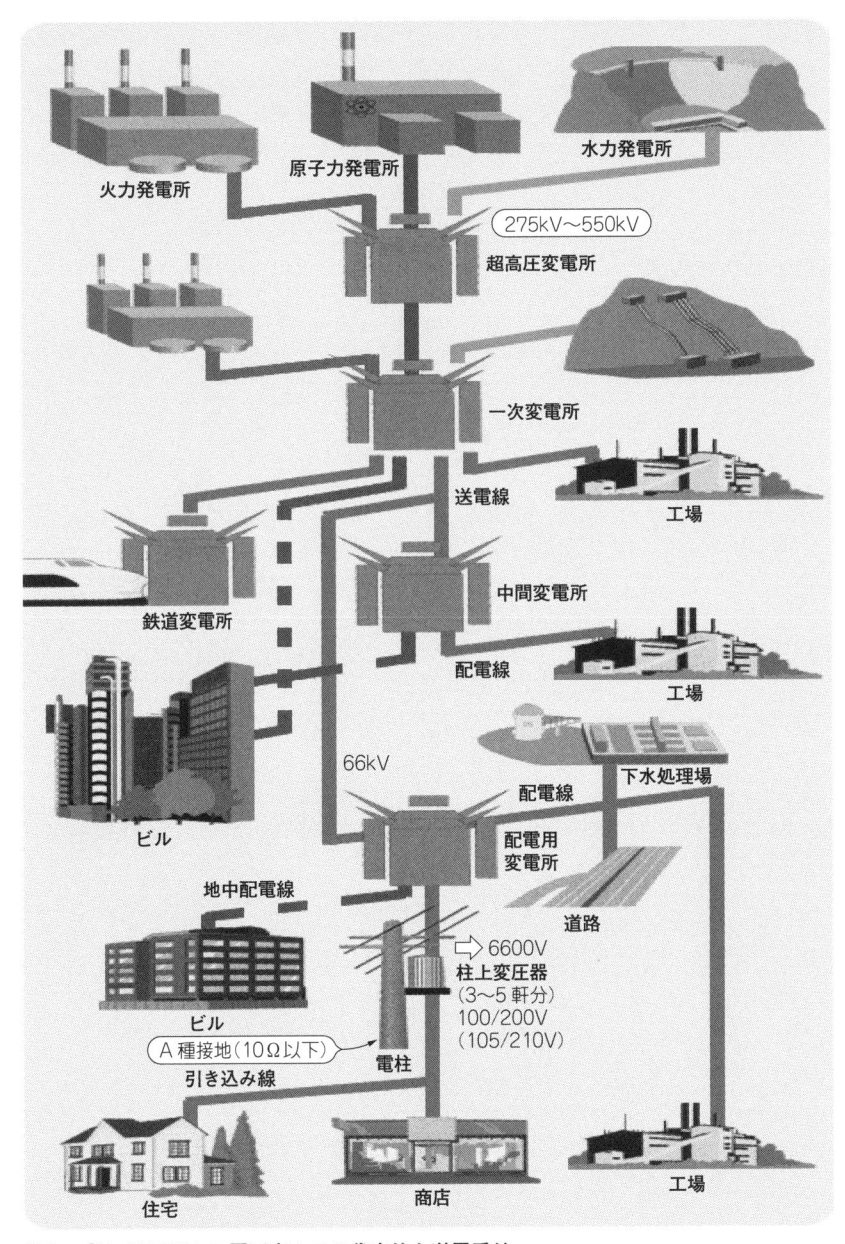

[図1-1]⁽¹⁾ 発電所から需要家までの代表的な送電系統
発電所ではタービン発電機によって数十万Vという高電圧が発電され，送電経路の中で変電され，需要家近くの柱上変圧器（あるいは地下変圧器）で6600Vから100〜200Vの低圧交流に変換されている

高い電圧にしておくと電流が小さくてすみます．送電線での損失は50あるいは60Hz程度であれば銅損（I^2R＝電流^2×電線の抵抗）がメインになります．銅損を小さくするには太い送電線が必要ですが，太い送電線は重くなってしまいます．高い電圧で送電し，需要家近くの柱上トランス（あるいは変電設備）によって低電圧に変換して使用するというのが，現在の交流送電システムです．

● 柱上トランスの役わり

　たとえばAC100V・50A＝5kVAという需要家が20軒あったとします．必要な総電力は100kVAです．もし，変電所から柱上トランスまで100Vのまま送電されていたとすると，100kVA/100V＝1000Aを安全に許容する送電ケーブルが必要になります．1000Aを許容するケーブルとなると，相当な太さのケーブルになります．

　柱上トランスの1次側は一般に**6600V**です．ですから，トランスの損失を無視すると 100kVA/6600V＝15.15Aなので，変電所から柱上トランスまでは15.15Aを安全に許容できる送電ケーブルを使用すれば良いことがわかります．

　図1-2に，柱上トランスから一般需要家への配電系統を示します．ポイントは，柱上トランスではAC100Vの**片線が必ず接地**…アースがとられていることです．接地されているラインを**ニュートラル**（N）と呼び，接地されてないほうを**ライブ**（L）

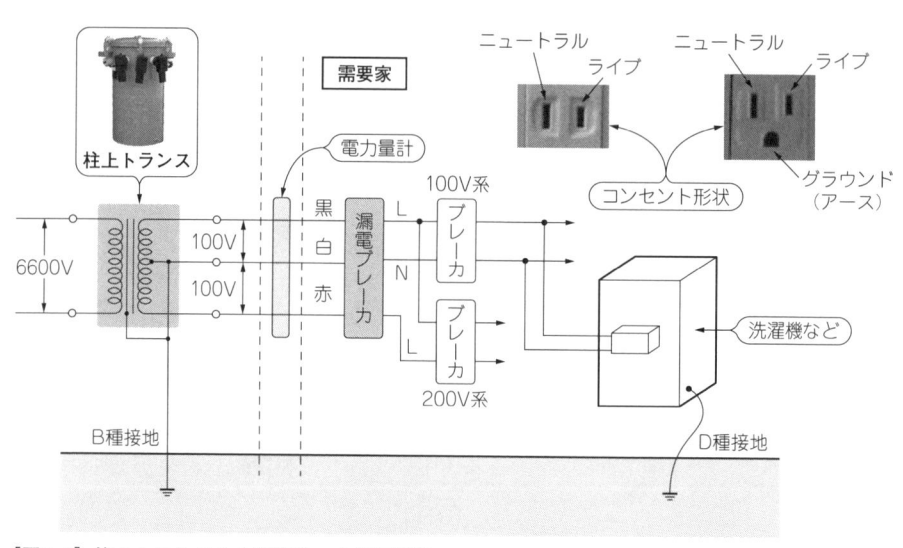

［図1-2］柱上トランスから家庭内への配電系統
一般需要家には100V，あるいは200VのAC電源が配電されている．一部の電気機器においては安全のために筐体を接地することも義務づけされている．ライブ（L）側に触れると感電するので扱いには注意が必要

と呼びます．ライブ側は触れると**感電**するので，注意が必要です．

　家庭内に入ると，AC電源の送電線から屋内への受け口に課金のための**積算電力量計**が備えられ，屋内に入ると配電盤内に**漏電ブレーカ**と配線系統ごとの**ノーヒューズ・ブレーカ**が備えられているのが一般的です．なお，AC100Vラインの配線などについては，家庭内も工場・事務所なども同じような構造になっています．

　ACラインに触れると感電の危険があります．電気の仕事をする人にとってはいつも身近にあるものですから，十分な知識と注意が必要です．

1-2　電子回路には直流安定化電源が欠かせない

● 電圧を安定化した直流電源が欲しい

　近年の電子機器には多くの機能が加わり，電子回路は日々，高度・複雑になってきています．結果，電子機器においては多くの種類の半導体，とりわけ多くのICが使用されています．そして，電子回路およびICを動作させるためには**表1-2**に示すようにいろいろな直流電圧が使われており，いずれも供給する**電圧が安定**…一定していることがとても重要です．電源の安定度は電子機器の安定性に直結しています．

　直流電源の電圧を安定にする…入力側のAC電圧が変動しても，負荷に変動があっても，あるいは周囲温度が変動しても出力電圧が変化しないようにするためのしくみとしては，**図1-3**に示すような考え方があります．(a)は**ドロッパ回路**，(b)は**シャント回路**と呼ばれています．

　よくある一般のディジタルIC回路の電源…直流5Vを生成する例を**図1-4**で説明すると，商用電源(AC入力：100V)からの交流電圧をトランスによって絶縁し，か

[表1-2]
主な電子回路/ICなどの使用(定格)電圧例
電子機器を安定に動作させるには，規定の安定度をもった直流電源が必須である．典型的なディジタルICの動作電圧はDC 5Vであるが，安定度は±5%以下であることが要求されている

種　類	よく使われる電圧(DC)
(スイッチング)トランジスタ	5V, 12V
(リニア増幅)トランジスタ	3〜数十V
OPアンプ　アナログIC	±5V, ±15Vなど1電源使用も増えている
LED	3〜5V
汎用ロジックIC	3V, 5V
マイコン/FPGA	2.0V, 2.5V, 3.0V, 3.3Vなど
リレー，パワー・リレー	5V, 12V, 24V, 48V
DCモータ	1.5V, 3V, 12V, 24Vなど
LCD(バックライト)	24V(LED), 100V(冷陰極管)

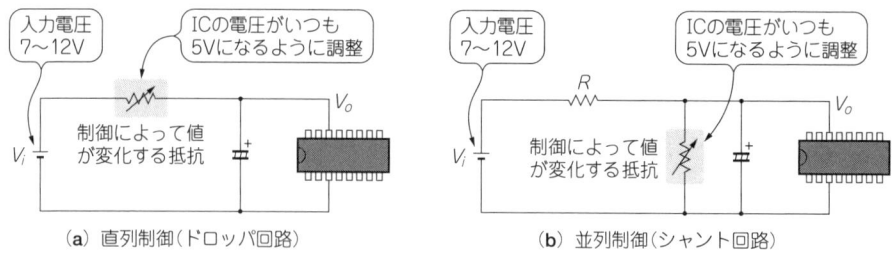

[図1-3] 直流安定化電源を実現するイメージ

入力電圧が変動しても，負荷電流が変化しても，環境条件が大きく変動しても，DC電源の出力電圧V_oは安定であることが期待されている．出力電圧の安定を維持する制御回路をもったものが，直流安定化電源．

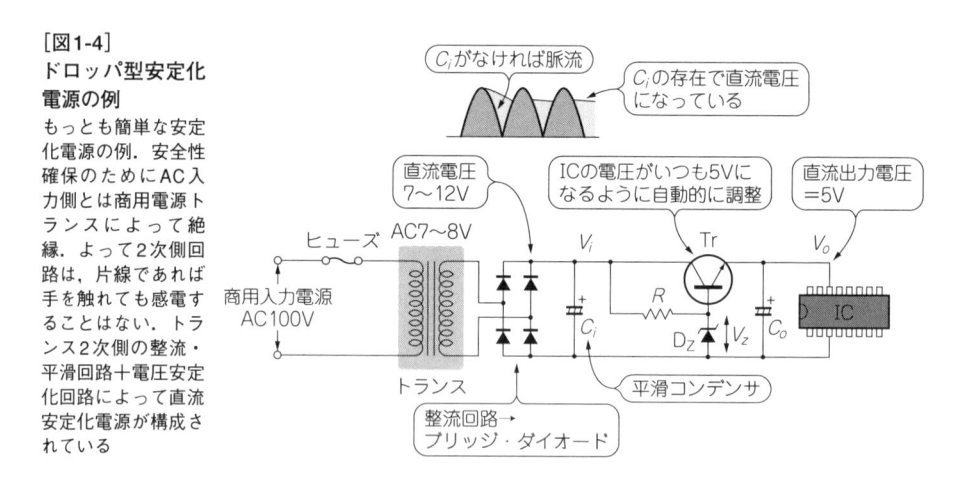

[図1-4] ドロッパ型安定化電源の例

もっとも簡単な安定化電源の例．安全性確保のためにAC入力側とは商用電源トランスによって絶縁．よって2次側回路は，片線であれば手を触れても感電することはない．トランス2次側の整流・平滑回路＋電圧安定化回路によって直流安定化電源が構成されている

つ電圧を100Vから7～8V程度に降圧します．商用電源が交流エネルギーなので，トランスによって容易に電圧変換と1次側-2次側間の**絶縁**を同時に行うことができるのです．**写真**1-1に商用電圧変換用トランスの一例を示します．

このAC7～8Vを整流（AC→DC変換）し，コンデンサC_iで平滑すると一応は直流電源のでき上がりです．整流直後におかれるコンデンサC_iは**平滑コンデンサ**とも呼ばれていて，容量の大きい**アルミ電解コンデンサ**が使用されています．C_iを付けない整流しっぱなしにすると，直流ではあるけれど，AC入力周波数の2倍で変動する大きな**脈流電圧**となります．コンデンサC_iが脈流を平たんに落ち着かせる役割をしています．

しかし，このコンデンサC_iの両端電圧は，商用電源の電圧AC100Vが変動する

[写真1-1](2)
商用電圧変換トランスの一例
商用電圧変換トランスは電磁鋼板＋エナメル巻き線で構成されている．スイッチング電源の登場で使用されるケースは少なくなっている

と一緒に変動します．国内ではふつう**±10％は変動**する可能性を想定しておく必要があります．つまりAC100Vは，**AC90～110V**と考えます．そして電子回路の状況によって負荷…出力が変動し，負荷電流が変化するとコンデンサC_iの電圧はさらに大きく変動します．仮に整流・平滑回路の**出力抵抗**(内部抵抗)が1Ωあるとすると，1Aの**負荷変動**が1Vの出力電圧変動になってしまうということです．

機器の使用環境によっては，周囲温度もかなり変動します．温度が変動すると，整流・平滑しただけの直流電圧は変動します．人間の居住空間で考えても，10～30℃という変動は少ないほうで，電子機器の使用環境温度としては，0～50℃あるいは－10～60℃などということも想定する必要があります．**自動車用機器**にいたっては，さらに温度変動が大きくなります．整流に使用しているダイオードは，整流時に0.5～1Vほどの**順方向電圧降下**V_fを必ず生じるのですが，このV_fは約－2.3mV/℃という，**温度センサ**になるような温度特性をもっています．問題になることはありませんが，ブリッジ・ダイオードで30deg.の温度変化があると，0.14Vの電圧変動を生じてしまいます．

● **直流電圧を安定化…自動調整したい**

先に述べた理由から，商用AC電源から取り出した電圧をそのまま直流に変換しても，つねに安定な電圧を得ることが難しいことがわかります．そこで，電圧の安定化が重要になります．

ここで**図1-3**に示した構成で変動する直流電圧V_iとICとの間に可変抵抗VRを入れ，出力電圧V_o…ICへの供給電圧が5V一定になるようVRの値を調整することを

考えます．ICへの供給電圧V_oが5Vより低くなったらVRの値を低くしてICに供給する電圧を上げて5Vにし，逆にV_oが5Vより高くなったら，VRの値を高くしてICに供給する電圧を下げ，5Vになるように調整するわけです．とはいえ，実際に手でVRを可変することはできません．何らかの方法で自動的に調整する工夫が必要になります．

このVRの自動調整をトランジスタ回路で実現させるようにした例が，**図1-4**に示したドロッパ型安定化電源と呼ばれる回路です．商用AC電源をトランスで絶縁して降圧し，整流・平滑した後，**ツェナ・ダイオード**（定電圧ダイオード）D_zで定電圧V_zを作り動作させると，このD_zの定電圧V_zよりもトランジスタのベース-エミッタ間電圧である0.6Vだけ低い電圧が出力されます．たとえばV_z = 5.6Vのツェナ・ダイオードを使うと，出力電圧はほぼ5Vに定電圧制御されることになります．つまり，このような安定化電源を使用することで，電子回路を安定に動作させる環境が整うことになります．

● トランジスタが発熱する

図1-5に示すのは，ドロッパ型安定化電源の動作イメージです．入力電圧は状況によって変化するし，周囲温度や負荷電流の大小によって大幅に変化しますが，出力電圧は一定です．しかし，たとえば入力電圧V_iが12Vで，出力電圧V_oが5V，出力電流I_oが1Aのときは，入力電圧－出力電圧（= $V_i - V_o$）の差分 7Vは，トランジ

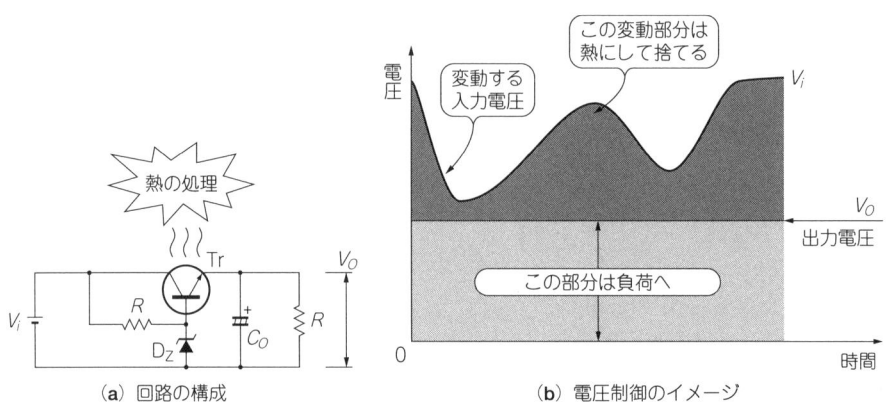

[図1-5] **ドロッパ型安定化電源の動作イメージ**
出力電圧を安定に保つことはそう難しくないが，電圧安定化のためのトランジスタが電流岐路に直列に挿入されるため，出力電流が大きくなるとトランジスタにおける電力損失が増大する．電力損失はトランジスタの発熱となる

スタを流れる電流I_o = 1Aによって，(7V×1A＝7W)の**電力損失**を生じることになります．

7Wの電力損失は7W分の放熱ができなければそのまま過熱するということであり，小さな放熱面積の素子では手で触れられないほどの発熱量になって，破損につながります．また，電圧変換に伴う効率を考えると，入力電力(V_i×I_o) = 12Wに対して，出力電力(V_o×I_o) = 5Wになるので，電圧変換効率ηは，

$$\eta = \frac{V_i}{V_o} \times 100\% = \frac{5}{12} \times 100\% \fallingdotseq 42\%$$

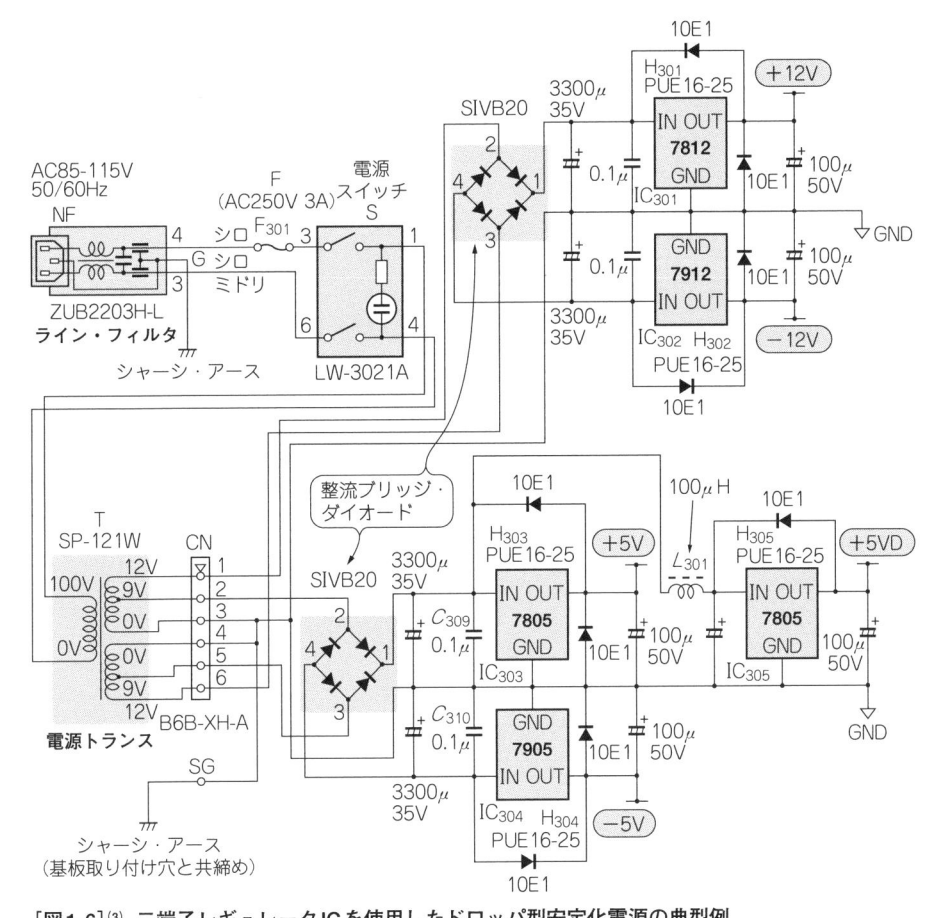

[図1-6][(3)] **三端子レギュレータICを使用したドロッパ型安定化電源の典型例**
±12V(1A)および±5V(1A)，+5V(1A)出力の例．計測機器など低ノイズを要求される用途では，効率を無視してでも低ノイズを優先する例は少なくない

になり，**60％近くを電力損失（熱）として無駄**にすることがわかります．

　このようにドロッパ型安定化電源の構成は簡単ですが，入力電圧と出力電圧の差分を，原理的に電気→熱に変換するため効率が良くないのです．「効率は悪いし発熱は大きい」ということになってしまいます．

　効率を改善するには入力電圧変動を少なくしたり，負荷変動を少なくしたりするしかありません．回路技術の工夫で効率…損失を小さくできないかと考えられたのが，本書のテーマである**スイッチング電源**です．

　なお，出力電流があまり大きくない用途でのドロッパ型安定化電源は現在も健在です．代表的には図1-6に示すように，**三端子レギュレータ**と呼ばれる電源ICの利用があります．簡単に性能の良い安定化電源が構成できるので，小出力であれば現在でも広く使用されています．回路構成を工夫して，入力電圧と出力電圧の差分が1V以下でも動作可能なようにした**低ドロップアウト三端子レギュレータ**も広く使用されています．

1-3　スイッチング電源技術の登場

● スイッチングの時比率…デューティ比で制御する電源

　図1-7に示すのは，もっとも簡易的なスイッチング電源である**チョッパ・コンバータ**と呼ばれる回路の一例です．ドロッパ型電源では電圧降下を制御する可変抵抗のようにトランジスタを使っているので，原理的には可変抵抗…トランジスタが損失を被るようになっています．チョッパ・コンバータでは，トランジスタやMOSFETを増幅ではなく**ON/OFFするスイッチ素子**として使います．

　スイッチということは，ONのとき導通（電流が流れる），OFFのとき非導通（電流が流れない）になる素子ということです．そして，スイッチの**ON/OFFする時間比率**…**時比率（デューティ比）**を変えることにより，電流の流れ方を制御しようということです．スイッチの時比率制御と*LC*フィルタによって，可変抵抗と同じ目的を低損失に実現していると考えられます．

　トランジスタとMOSFET，いずれも半導体による代表的なスイッチング素子ですが，動作には少なからぬ違いがあります．しかし，ここではほぼ同様の働きと捉えて，MOSFETを使用することを前提に考えてみます．

　まずMOSFETを理想的なスイッチング素子として考えます．理想的ということは，スイッチング**時間遅れは0秒**，スイッチON時の**オン抵抗は0Ω**，スイッチOFF時の**オフ抵抗は∞Ω**．すると，図1-8に示すようにスイッチに電流が流れてい

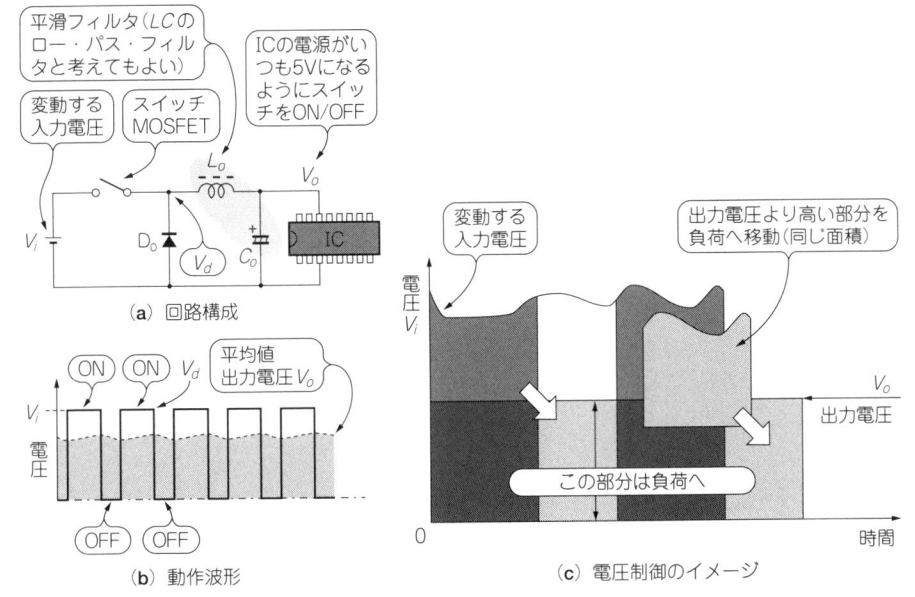

[図1-7] チョッパ・コンバータ…スイッチング電源の構成
スイッチング電源には多くの方式が提案されているが，もっとも簡易的な方式がチョッパ・コンバータ．降圧型DC-DCコンバータの典型である．スイッチの働きをするMOSFETとダイオードが理想的な働きをすれば，損失の小さい電圧コンバータを得ることができる．逆にいうと，MOSFETの開発・進歩がスイッチング電源の進化に大きく貢献している

ても，スイッチングのON/OFFにおいて損失は発生しません．そしてON/OFFするスイッチのデューティ比を制御してやれば，デューティ比に応じて出力電圧が変化することになります．

動作は図1-7においてダイオードD_oの両端電圧V_dで考えるとわかりやすいので，D_oの両端電圧V_dの波形を参照します．MOSFETがONするとD_oの両端電圧V_dは入力電圧V_iと同じになり，MOSFETをOFFするとV_dは0Vになります．この電圧波形V_dを，インダクタンスL_oとコンデンサC_oで構成されるLCフィルタ（ロー・パス・フィルタ：LPF）を通すことで交流分を除くと，平均値の直流分だけを取り出すことができます．出力電圧V_oはデューティ比をD_Rとすると，

$$V_o = V_i \times D_R = V_{dave}(V_dの平均値)$$

MOSFETのスイッチングON/OFF時間比…デューティ比D_Rは，

$$D_R = \frac{t_{on}}{t_{on} + t_{off}} \times 100\%$$

1-3 スイッチング電源技術の登場

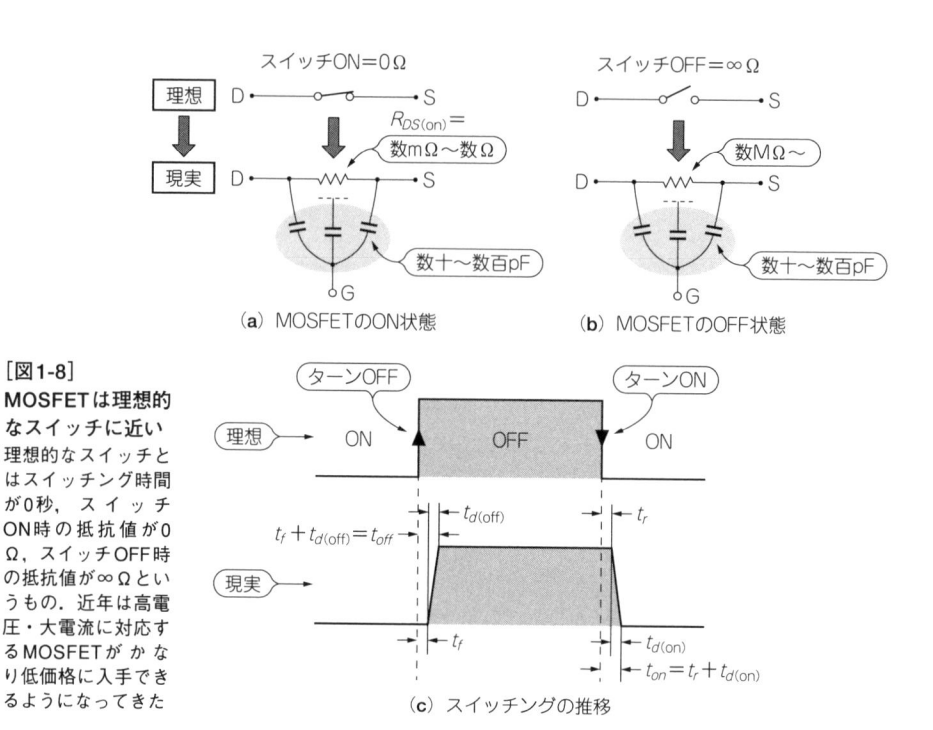

スイッチON＝0Ω　　　　　　　　　　スイッチOFF＝∞Ω

(a) MOSFETのON状態　　　　　　　(b) MOSFETのOFF状態

[図1-8]
MOSFETは理想的なスイッチに近い
理想的なスイッチとはスイッチング時間が0秒，スイッチON時の抵抗値が0Ω，スイッチOFF時の抵抗値が∞Ωというもの．近年は高電圧・大電流に対応するMOSFETがかなり低価格に入手できるようになってきた

(c) スイッチングの推移

で示されます．諸条件の変動に応じて出力電圧V_oを上げたいときはD_Rを大きく，V_oを下げたいときはD_Rを小さく…デューティ比が変化するよう**負帰還制御**を行えば，電圧の安定化制御が行えることがわかります．

とはいえ，理想的なスイッチング素子というのは存在しません．コイルをスイッチングするのも，じつは簡単ではありません．スイッチングによって，大きなノイズが発生することもあります．安全のために，電圧は絶縁して取り出したいという要求もあります．さらに，コンパクトにしたいという要求もあります．低コストにという要求ももちろんです．

しかも，一つの課題をクリアすると別の新たな課題が浮上することは日常茶飯です．そしてこれらを一つ一つクリアし，**価格/性能比**を向上させてきたのが，現代のスイッチング電源技術です．本書では，はじめての人にでもスイッチング電源がきちんとわかるように，そして意欲さえあれば設計者になれることを期して，ていねいに解説していきます．

● **DC-DCコンバータとスイッチング電源の違い**

さて，図1-7に示したチョッパ・コンバータと呼ばれる回路ですが，機能として捉えるとDC入力電圧V_iを，DC出力電圧V_oに変換しています．このように，入力電圧V_iから別の電圧V_o，あるいはV_{o1}，V_{o2}というように複数の電圧に変換することは，電子回路内では日常的に行われています．このような回路を，一般に**DC-DCコンバータ**と呼んでいます．先の図1-6に示した三端子レギュレータも，機能からいうとDC-DCコンバータです．しかし，スイッチングを伴わないときは**シリーズ・レギュレータ**と呼ばれています．DC-DCコンバータというときの回路技術は，スイッチング電源技術を使っています．

しかし本書でスイッチング電源という場合は，図1-9に示すように商用電源…AC入力をもつスイッチングによる電源回路を，とくにスイッチング電源と呼ぶことにしています．つまり，「**AC入力部（整流回路）＋（高電圧入力）絶縁型DC-DCコンバータ**」をスイッチング電源と呼んでいます．高電圧入力ではない（低電圧入力）非絶縁型DC-DCコンバータに使用されているスイッチング制御にも，おもしろい回路技術がたくさんありますが，本書の中では用途が異なるということで，扱わないことにします．

はじめに述べたように，今後は電池を使用することを前提とした電子機器が増大すると予想されます．したがって（低電圧入力）非絶縁型DC-DCコンバータの使用も，多岐にわたってきます．（低電圧入力）非絶縁型DC-DCコンバータの設計法については，新たな書籍が用意されることになると考えます．

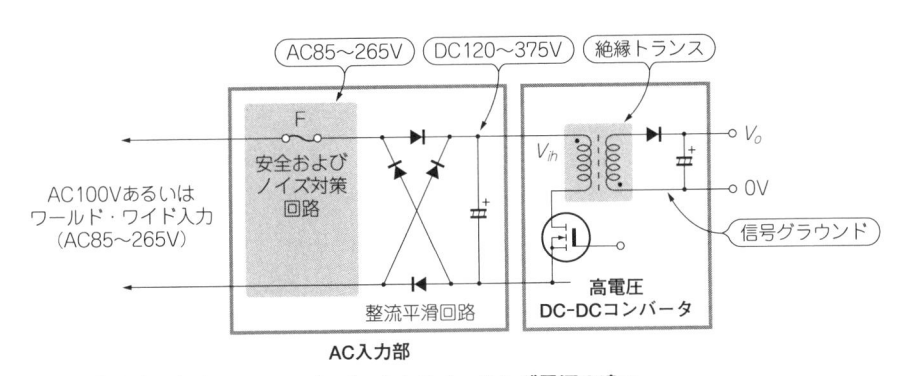

[図1-9] **本書で扱うDC-DCコンバータとスイッチング電源の違い**
回路技術的な意味から，DC-DCコンバータとスイッチング電源とは同じように捉えられることが多い．本書では，商用AC100Vあるいはワールド・ワイドAC入力による絶縁型DC-DCコンバータ構造のものをスイッチング電源と呼ぶこととした

第2章
1次側の安全設計…ヒューズとサージ・アブソーバ

> 本書で扱うスイッチング電源は，商用AC電源ラインに接続し，
> そこからACエネルギーをもらいます．
> よって安全の保持と，他への十分すぎるほどの配慮と対策が重要です．

2-1　AC入力1次側構成のあらまし

● 電源スイッチはどうする？

　身近にあるほとんどの電気機器，電子機器には必ずといっていいほど電源スイッチが付いています．ところが産業用電子機器などを扱っていると，電源スイッチを目にすることはあまりありません．単体の測定器などには付いていますが，多くの産業用電子機器や通信用機器などはシステム・ダウンが許されない用途であり，大きな盤(装置)の中に組み込まれ，**24時間連続使用**することが当たり前です．つまり，電源の管理は盤内などに設置されるブレーカが担うことが多いのです．したがって，**組み込み用スイッチング電源**などでは，**写真2-1**に示すように電源スイッチ

[写真2-1]
組み込み用スイッチング電源の例
電源は一般に端子接続となる．電源スイッチを付けるケースは少ない．FGはフレーム・グラウンド(ケース・グラウンド)．フレームがオプションになっていることもある

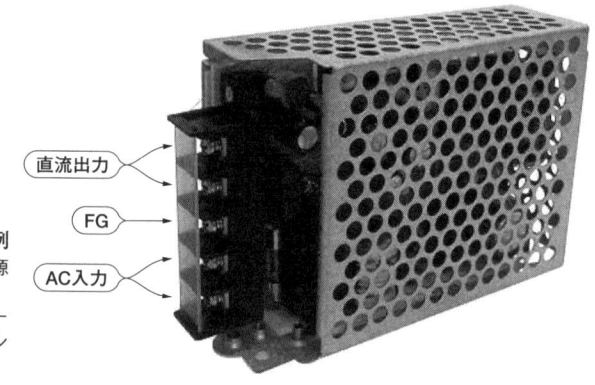

[図2-1]
単体の電子機器では商用ACの入り口に両切りスイッチを入れる
感電の心配のない小型機器では片切りスイッチを使うこともあるが，点検・保守などが行われる機器では両切りスイッチを使う

ヒューズ
AC出力
スイッチング電源
DC出力

電流耐量などを検討し，原則としては両切りスイッチを使用する

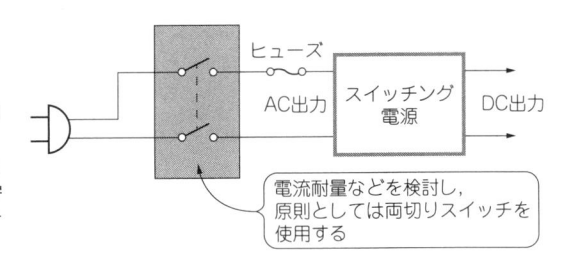

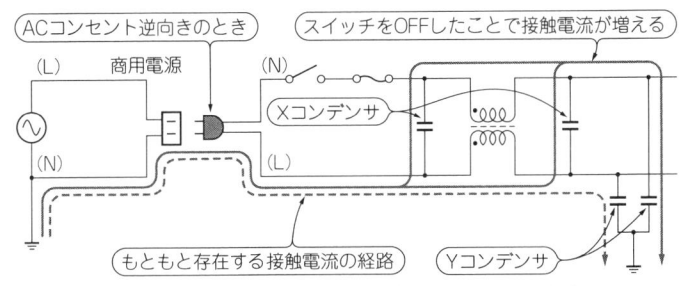

ACコンセント逆向きのとき
商用電源
スイッチをOFFしたことで接触電流が増える
Xコンデンサ
もともと存在する接触電流の経路
Yコンデンサ

[図2-2] 片切りスイッチは漏れ電流トラブルの元になることも
コンセント側のグラウンド接続が逆に接続されると，スイッチOFFのときライン・フィルタのコンデンサを介して漏れ電流が流れ，トラブルになることがある

のようなものは用意されていません．

　本書では多くの電源回路が登場しますが，原則としてAC入力部に電源スイッチは記載しません．電源スイッチの要/不要については応用のとき検討します．

　とはいえ，大型の電気機器，電子機器ではやはり電源スイッチが必要です．とくにAC電源の入り/切り…ON/OFFには図2-1に示すように**両切りスイッチ**が使用されます．**点検・保守サービス**などを行う機器において電源スイッチOFFということは，機器内部に手を触れても良いというサインでもあります．

　感電の心配がない**小型機器**では，**片切りスイッチ**が使用されています．ただし，片切りスイッチではスイッチOFFで完全にラインとのつながりがOFFにならず，コンセントの接続向きによっては図2-2に示すように漏れ電流が流れてしまうので注意が必要です．

　AC電源スイッチには，機械接点(メカニカル)スイッチが一般的です．代表的には表2-1に示す**ロッカ・スイッチ**などがあり，材料，性能，表示などについて各国の安全規格で細かく定められています．代表的な規格としてIEC61058-1と，それに対応する各国規格，UL規格，CSA規格のなかで耐突入電流性能を規定した**TV定格**と呼ばれるものもあります．

[表2-1][(4)] **AC電源スイッチとしてよく使用されているロッカ・スイッチの例**
オムロン(株), 小型ロッカ・スイッチ 形A8L, 単極 or 双極, 端子形状などで多種類がある

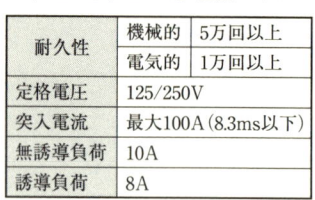

耐久性	機械的	5万回以上
	電気的	1万回以上
定格電圧		125/250V
突入電流		最大100A(8.3ms以下)
無誘導負荷		10A
誘導負荷		8A

(a) 外観　　(b) おもな性能
（オムロン 形A8L 小型ロッカースイッチ）

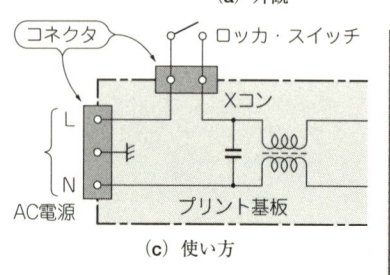

定格は負荷に合わせて選ぶ．負荷が100Wなら100V 1A，スイッチの電流定格は2～3倍の余裕を取ると良い

AC125V, 3A
AC 100V
スイッチング電源

0.022μF 250WV(メタライズド・ポリエステル)＋330Ω程度．スイッチをON/OFFしたときの火花を軽減できる．漏れ電流も0.7mAほど流れる

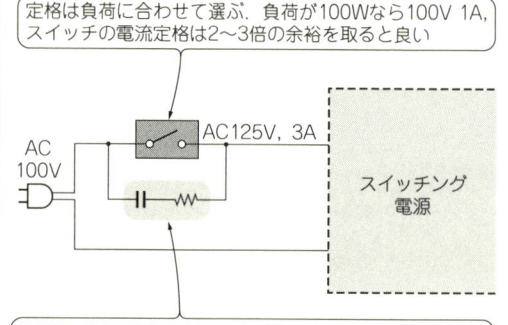

[図2-3]
機械接点スイッチを使うとき
機械接点スイッチを使用するとき，火花によって接点にダメージを与えることがある．ダメージを保護するため火花防止を行うには，**CRアブソーバを使用する**

　スイッチング電源は回路構成の理由から，電源投入時に突入電流が大きくなることがあるので，電源スイッチの選択も重要です．突入電流が流れ始めた状態でスイッチ接点が機械的にバウンドすると**アーク放電**を生じることがあり，接点を痛めます．接点寿命を延ばすためには，第5章で述べる突入電流制限回路を備えることが大切です．**接点保護**のため，図2-3のように接点間に**CRアブソーバ**を挿入することもあります．

　また，テレビ用電源スイッチにはTV定格を取得しているスイッチを使う必要があります．TV定格のスイッチでは，たとえば3A定格のTV-3は51Aの突入電流，5A定格のTV-5では78Aの突入電流に耐えることになっています．

● **デジタル家電などではスタンバイ電源…待機電力との協調が必要**
　ブラウン管テレビの時代，電源ONですぐにテレビを見られるようにする目的でプリヒート電源をふくむ**スタンバイ電源**と呼ばれる方式が普及しました．その後，

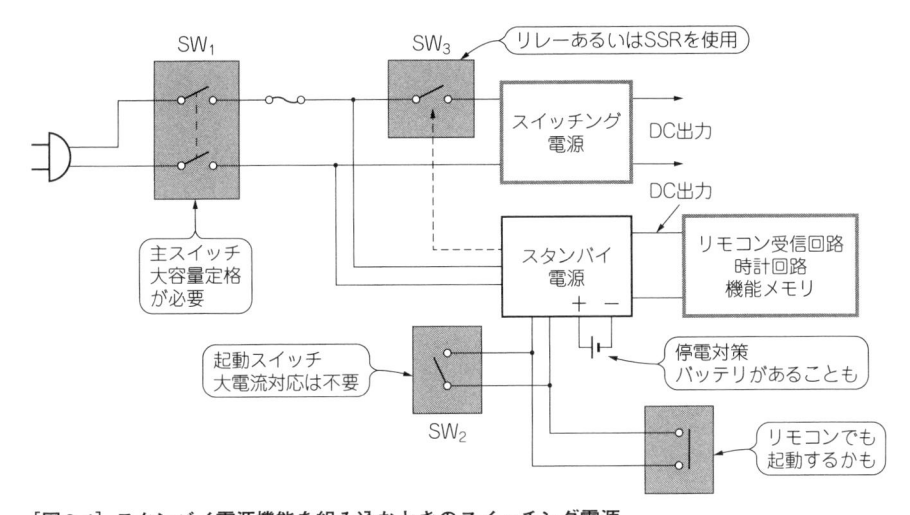

[図2-4] スタンバイ電源機能を組み込むときのスイッチング電源
便利さの追求から生まれたスタンバイ電源機能. 待機時の電力消費をいかに小さく抑えるかが家電機器電源のポイントになっている

　リモコンで電源をON/OFFするようになり，以降はブラウン管がなくなってもスタンバイ電源方式が当たり前になってきました．電子回路においてはデジタル/マイコン技術によって**時計機能**が導入されたり，前操作などを記憶しておくことが当たり前の機能となり，リモコンによる遠隔操作も増えました．主回路部分はOFFしているけれど，時計機能や記憶などの補助回路部は常に生かしておき，次の起動時のために待機…スタンバイしておく電子機器が当たり前になってきました．ブラウン管時代はプリヒートが目的のスタンバイ電源でしたが，デジタル時代になると，スタンバイ電源による補助動作の便利さが売り物になってきたわけです．

　スタンバイ電源の原理的な構成は，**図2-4**のようになります．SW_1は主スイッチで従来と同じ機械接点スイッチですが，従来に比べるとON/OFFする頻度は大幅に少なく，もしかすると常時ONになっていることが多いかもしれません．代わりに，スタンバイ電源のほうに新たな(主動作のための)スイッチング電源を起動するスイッチSW_2が加わります．起動スイッチSW_2がONすると，この信号を受けてSW_3がONになります．近年のテレビを思いうかべるとわかるように，SW_2はリモコン操作によってONになるかもしれません．つまり，リモコン受信回路はスタンバイ電源機能の一部でもあるわけです．

　SW_3はメインであるスイッチング電源のAC入力をON/OFFします．大きなAC電流の流れるスイッチですから，機械接点をもつリレーあるいはフォト・カプラと

トライアックを組み合わせたSSR(Solid State Relay)などが使用されています．もちろんリレー，SSRともAC電源側にあるので安全規格をクリアしたものから選ばれます．

● 時代は低待機電力化へ

　電子機器おけるスタンバイ電源は，応用によって構成はまちまちです．近年では，インターネットとの常時接続による電子機器のスマート化への発展もありそうです．しかし便利を追求するあまり，スタンバイのための電力消費が増大することは社会的には喜ばれません．スタンバイ時の消費電力のことを**待機電力**と呼びますが，デジタル家電やパソコン関連機器などでは，電源を高効率かつ**低待機電力**とするための取り組みが行われています．

　また，近年のスイッチング電源ではリンギング・チョーク・コンバータ(RCC)やフライバック・コンバータ，擬似共振型コンバータと呼ばれる方式において，**図2-4**に示したような複雑な機能を持たずとも，軽負荷になったとき自動的にスタンバイ状態に移行する低待機電力用制御ICの使用が多くなってきています．そして国内では，

- (社)電子情報技術産業協会(JEITA)
- (社)日本電機工業会(JEMA)
- (社)日本冷凍空調工業会(JRAIA)

の業界3団体の自主的な待機時消費電力削減の取り組みにより，現在の最新電気製品の多くは，待機時消費電力の限度値1W以下を達成しています．さらに，より優れた製品は0.1W以下を達成しているものもあります．

　国外では，米国の**エナジースター**(Energy Star)と呼ばれる自主規制，欧州連合ではEU Eup指令で義務づけられており，とくに**2013年には0.5W以下**が義務づけ

[図2-5][5]
エナジースターのロゴ(www.energystar.jp)
パソコンやOA機器などに表示されている．待機電力については年々数値が厳しくなる傾向がある

られています.図2-5にエナジースター・ロゴの例を示します.

　なお,スタンバイ電源が産業用機器や通信用機器で使用されることは,現状ではないようです.しかし電源の変換効率を上げることと待機電力を小さくすることへの要求は,年々厳しくなってきています.ちなみに,日本国内における家庭一世帯

[表2-2][6]
各国の単相/三相の公称電圧と周波数
100Vというのは日本だけ.周波数が混在しているのも日本だけ

国 名		単相		3相	
		公称電圧 V_{RMS}	周波数 [Hz]	公称電圧 V_{RMS}	周波数 [Hz]
アジア／オセアニア	日本	100	50/60	200	50/60
	台湾	110	60	190	60
	韓国	110/220	60	380	60
	中国	220	50	380	50
	オーストラリア	240	50	415	50
	フィリピン	220	60	380	60
北米	アメリカ	120	60	208/460/480	60
	カナダ	120	60	208/480	60
	メキシコ	127	60	220/480	60
	ブラジル	127/220	60	220/380/440	60
南米	アルゼンチン	220	50	380	50
	チリ	220	50	380	50
ヨーロッパ	イギリス	230	50	400	50
	フランス	230	50	400	50
	ロシア	230	50	400	50
	ドイツ	230	50	400	50
	オランダ	230	50	400	50
	スイス	230	50	400	50
アフリカ	マダガスカル	117/220	50	220/380	50
	アルジェリア	230	50	400	50
	ケニア	240	50	415	50
	エジプト	220	50	380	50
	ガーナ	230	50	400	50
	南アフリカ	230	50	400	50
中近東諸国	サウジアラビア	110/220	60	190/380	60
	トルコ	230	50	400	50
	アラブ首長国連邦	240	50	415	50
	オマーン	240	50	415	50
	シリア	220	50	380	50
	レバノン	230	50	400	50

[図2-6]
ドロッパ電源時代のワールド・ワイド対応の例
スイッチング電源以前のワールド・ワイド対応は，電源トランスによる巻き線切り替えしか方法がなかった

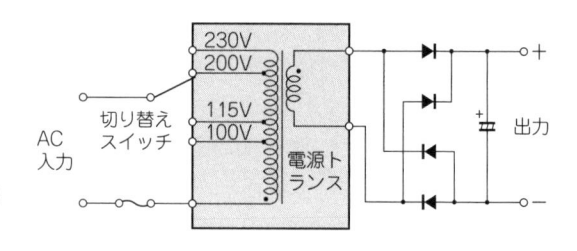

当たりの待機電力は**年間電力使用量の5.1%**に相当すると，2013年2月に資源エネルギー庁から発表されています．

● 国内使用かワールド・ワイド入力対応か

　日本の商用電源(家庭用コンセント)は通常100Vの交流電圧を取り出すことができますが，電源を組み込む側の機器はどの国で使用されるかによって，電源回路の対応を考慮しなければなりません．他の国はどのような電圧になっているのでしょうか？

　今ではインターネットなどによって各国事情を簡単に調べることができます．商用電圧および周波数については，**表2-2**に示すようになっています．参考にしてください．

　これを見ると単相の場合，100Vというのは**日本**だけです．多くの国が110～120V，および220～240Vとなっていることがわかります．したがって，海外のどこの国ででも使用できるようにと考えるなら，**100～240V**の範囲で使用できるようにしておくと便利です．このような電源を**ワールド・ワイド仕様**と呼んでおり，近年のノートPCやモバイル機器ではほとんどに採用されています．

　ただし，実際は電圧変動幅の考慮が必要です．つまり，下限は100V系の15%減…85V，上限は230V系の15%増…265Vとするのが一般的です．AC85～265V入力となっていればワールド・ワイド仕様ということになります．国内使用の場合は100Vの±15%で設計します．

　図2-6に示すのは，スイッチング電源に依らないドロッパ型電源を使用していた頃のワールド・ワイド仕様への対応です．商用電源トランスの巻き線を切り替えるものでした．スイッチング電源の時代になって大きく変化しました．

● 安全保持への対応…ヒューズが必須

　図2-7に示すのは，典型的なスイッチング電源でもある，**フライバック・コンバ**

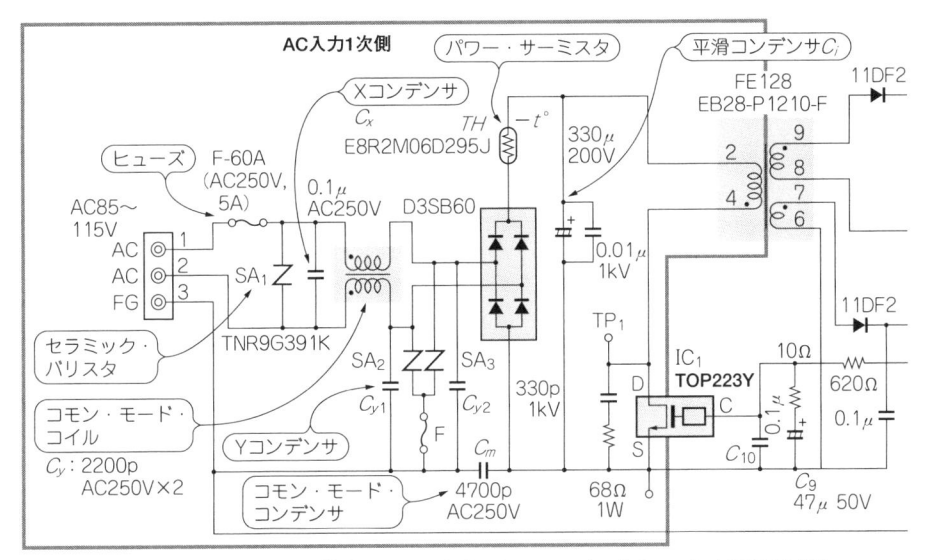

[図2-7][(3)] **典型的なスイッチング電源…フライバック・コンバータのAC入力部の構成例**
フライバック・コンバータの回路からAC入力部のみを示した．スイッチング電源ではどのような方式であっても，AC入力部はほぼ共通した構成と考えてよい

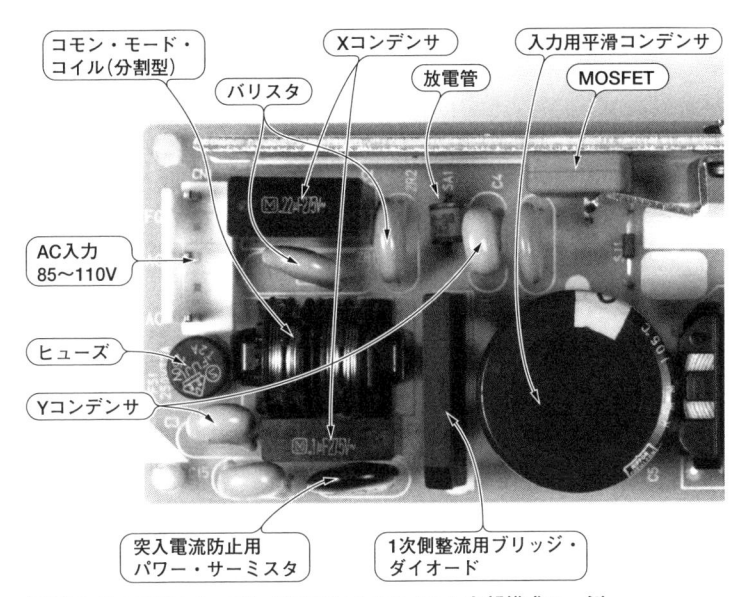

[写真2-2] **市販スイッチング電源におけるAC入力部構成の一例**
擬似共振型RCC電源のAC入力部のみを示した．この電源は雷サージ保護用バリスタとガス入り放電管も装備している

2-1 AC入力1次側構成のあらまし

ータにおけるAC入力1次側回路の一例です．AC入力ラインは100Vを越える高電圧でもあるし，他の電子機器とACラインを通してつながる可能性があるので，この部分の設計はたいへん重要です．安全を保持するためと，ノイズの伝導と放射などへ配慮するため，以下のものが装備されています．**写真2-2**に，市販スイッチング電源におけるAC入力1次側構成の例を示します．

　なお，スイッチング電源には出力容量によって各種回路方式がありますが，AC入力1次側の構成は方式に関係なく，基本的な考え方はほぼ共通しています．

①**ヒューズF1**：機器および電源の異常で大電流が流れたとき，ACライン側と切り離すための素子です．必ずL(ライブ)側に装備します．なお，医療機器用途ではL，N両側にヒューズを装備します．

②**サージ・アブソーバ SA_1，SA_2，SA_3**：SA_1はACライン間に高電圧サージが加わったとき，サージが電源回路内に侵入することを抑えます．また，ACラインと接地間に高電圧サージが加わるときの保護には，FGとの間にSA_2，SA_3を挿入します．ただし耐圧試験を必要とする機器では，耐圧試験電圧では劣化のないガス入り放電管と保護ヒューズとを直列に挿入します．

　なお，組み込み用スイッチング電源ではAC入力1次側にサージ・アブソーバを装備するケースはありません．電源のほうは汎用性をもたせるように設計されており，高電圧サージへの対策は装置のほうで行うのが前提になっているからです．

　OEMによるスイッチング電源では用途が明確なので，要求規格によってはアブソーバの有無や構成を考慮する必要があります．たとえば，通信回線をもつ機器では，通信回線に対して誘導雷対策としてサージ・アブソーバを用いることはあります．後述(2-4節)しますが，サージ・アブソーバにはバリスタ・タイプとガス入り放電管タイプがあります．

● ノイズ発生を抑える工夫…ライン・フィルタと突入電流制限回路

　図2-7にも示すようにAC入力1次側には，一般にライン・フィルタが欠かせません．

③**コモン・モード・コイル**：スイッチング電源自身のノイズがACラインへ伝導することを抑えるためのコイルです．以下のXコンデンサ，Yコンデンサをふくめて，ライン・フィルタとも呼ばれています．

④**Xコンデンサ C_x**：ACライン間のノイズを吸収します．コモン・モード・コイルと協調して，スイッチング電源自身のノイズがACラインへ伝導することを抑制します．

Column (1)

AC 入力 1 次側における絶縁距離

電子機器は小型に作りたいものですが，AC入力1次側などのように高電圧を扱うところでは，絶縁状態を保持するための**沿面距離**や**空間距離**の確保はきわめて重要です．いくつかの規格のなかで安全保持のために設計指針が定められているので，その概略を図2-Aに示しておきます．この距離はプリント基板においても同様です．

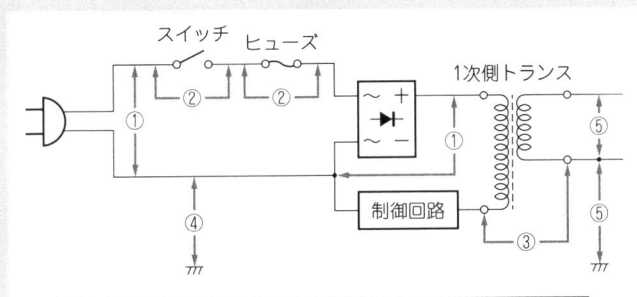

[図2-A]
AC入力部分における絶縁距離
詳細は規格番号によって違っている

箇所	部 分	絶縁距離(mm)			
		IEC	電取	UL	CSA
①	1次側異極間	3.0	3.0	3.2	3.0
②	1次側同極間	3.0	3.0	3.2	3.0
③	1次-2次間	6.0	3.0	3.2	3.0
④	1次側と人が触れやすい金属部間	6.0	3.0	3.2	3.0
⑤	2次側で線間および対地電圧が50V以上	—	2.5	—	—

⑤**Yコンデンサ** C_{y1}, C_{y2}：コモン・モード・コイルと協調して，スイッチング電源自身のコモン・モード・ノイズをグラウンドへバイパスします．

⑥**コモン・モード・コンデンサ** C_m：スイッチング電源自身のコモン・モード・ノイズ成分をグラウンドへバイパスします．

⑦**突入電流制限回路** *TH*：スイッチング電源では，ダイオードによる高電圧整流後に**平滑コンデンサ** C_i が配置されますが，この平滑コンデンサは一般に大容量です．結果，AC入力1次側において電源投入時に大きな突入電流が流れる宿命を，多くのスイッチング電源は背負っています．突入電流を制限する配慮が重要です．

突入電流制限回路としては，出力容量によって**パワー・サーミスタ**や**サイリスタ**

などが応用されます．この平滑コンデンサへの突入電流は，AC電源ラインでの**高調波発生**，**力率低下**の要因にもなっています．高調波の抑制および力率改善に関しては，本シリーズ「スイッチング電源[4]」で詳しく解説します．

以下，本章ではAC入力部における安全保持のためのヒューズ設計と，外来サージを抑えるためのサージ・アブソーバについて紹介します．ACラインにおけるノイズ対策については第3章，突入電流制限回路については第5章で紹介します．

2-2　安全保持のためにヒューズは必ず装備

● 電源の故障による2次災害阻止が主目的

写真2-3に，スイッチング電源に使用される代表的なヒューズの例を示します．ヒューズは過大電流が流れたとき，過大電流によって自らを溶断して回路をしゃ断するための部品です．一般には二つの目的，

- 負荷や部品を保護する
- AC入力ラインに過大電流が流れたとき2次災害(発煙，発火，爆発など)を防止

のいずれかですが，スイッチング電源では後者の目的で使用されます．部品や回路が故障状態になるとAC入力ラインに大電流が流れることがあるので，そのときヒューズを溶断して，電源の供給をしゃ断します．

とはいえ，AC入力1次側整流用ブリッジ・ダイオードやメイン・スイッチング用MOSFETの短絡故障ではかなりの大電流が流れるので簡単にヒューズが溶断してくれますが，補助電源やその他の細かな部品の故障では大電流が流れず，ヒューズが飛ばないことがあります．そのためULなどの安全規格では**アブノーマル試験**を行い，発煙，発火，爆発がないかをチェックします．アブノーマル試験とは，すべての部品のオープン/ショート試験や隣接するプリント基板とのパターンの短絡

(a) ガラス管ヒューズ　(b) ガラス管リード付きヒューズ　(c) マイクロ・ヒューズ

[写真2-3] **スイッチング電源に使用する代表的なヒューズの一例**
ガラス管タイプのヒューズが一般的だが，近年はモールド型マイクロ・ヒューズの使用も多くなってきている

試験などのことです．メイン・スイッチとなるMOSFETを例にとると，
- ドレインのオープン，ソースのオープン，ゲートのオープン
- ドレイン-ソース間のショート，ドレイン-ゲート間のショート，ゲート-ソース間のショート

をチェックします．ヒューズの定格はこのような試験を経て決めているので，メンテナンスで**ヒューズを交換**するときは必ず同型式，同定格，同しゃ断特性のものから選ぶことが重要です．

なお，ヒューズにはDC用とAC用，そして定格電圧とで種類が分かれています．スイッチング電源のAC入力部に使用するのはもちろんAC用です．定格電圧は100V系か200V系かで決めますが，国内用のときは**AC125V以上**，ワールド・ワイド仕様のときは**AC250V以上**から選びます．

ヒューズの形状は，ポピュラなのは**管型ヒューズ**(ガラス管,セラミック管)です．公称サイズ[$5\phi \times 20$]と[$6.5\phi \times 32$]が多く採用されています．パネル・ホルダに挿入するカートリッジ型と，直接プリント基板に実装できるリード付き(アキシャル，ラジアル)があります．はんだ付けタイプを使用すれば，ホルダやクリップによる接触部不具合の心配は無用になります．

近年は小型化のために，**モールド型のマイクロ・ヒューズ**と呼ばれるものも使用されるようになってきました．これらは面実装・自動実装にも適しています．

● **突入電流への考慮が必要**

スイッチング電源のAC入力側には，電子回路部品の保護用に使う速断ヒューズは使いません．整流・平滑回路の存在によって大きな突入電流が流れるからです．耐ラッシュ電流型や遅延動作型(スロー・ブロー)と呼ばれるヒューズから選びます．

電源出力段などにおいて，高価な半導体などが過電流で破損することを保護するいわゆるプロテクタとしての目的のときは，素子が過電流で破損する前にヒューズが飛ばないと意味がありません．半導体の過電流特性よりヒューズの過電流特性のほうが早い速断ヒューズと呼ばれるタイプを使用します．

スイッチング電源のAC入力1次側に使用するヒューズは一般に，先の**図2-7**に示したような配置になります．したがって，電源投入時には大容量の平滑コンデンサを充電するために突入電流が流れ，さらに定常時にもACの毎周期小さくないピーク電流が流れることになります．**図2-8**は，サイリスタによる突入電流制限を備えたコンデンサ入力型整流・平滑回路と，その電源投入時に流れるAC入力部の突

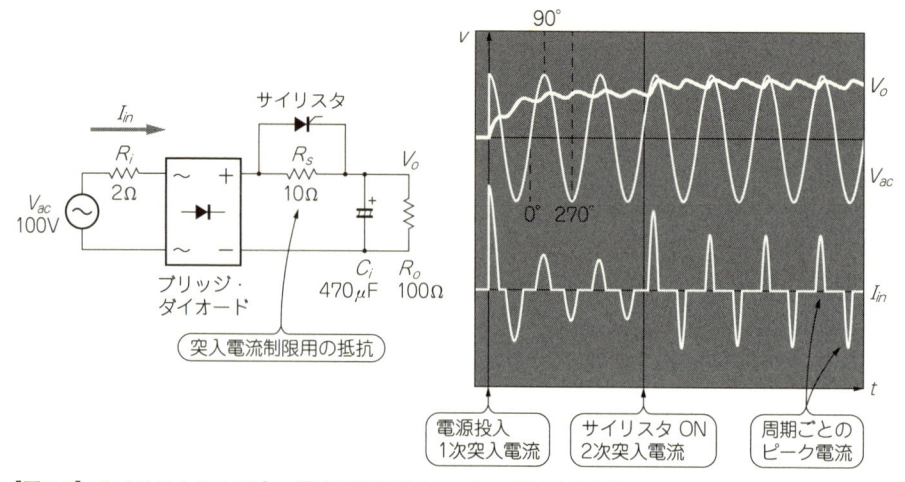

[図2-8] **サイリスタによる突入電流制限回路とAC入力部の突入電流**
AC入力にある$R_i=2\Omega$はライン・インピーダンスを想定したもの．回路シミュレーションによって突入電流の変化を表した

入電流I_{in}の波形を示しています．

　ヒューズの選択においては，この突入電流I_{in}の大きさをできるだけ正確につかんでおくことが重要です．電源投入時には，はじめ平滑コンデンサC_iが充電されていないので，C_iを充電するとき大きな突入電流が流れようとしますが，図2-8ではR_sの存在によって突入電流は制限されます．少し遅れてコンバータが動作してサイリスタのゲート信号を作り，サイリスタ点弧(ON)でR_sを短絡したとき，再度2次突入電流が流れます．突入電流は電源投入時もサイリスタ点弧時も，AC電源の瞬時電圧がもっとも高いときが最大です．入力電圧が最大…つまり位相が90°または270°のところで電源投入するともっとも大きな突入電流が流れます．

　ヒューズの突入電流を検討するときは，AC入力電源のライン・インピーダンスはできるだけ小さな値とし，入力電圧を最大電圧にして，何回も電源投入を繰り返し実験して，最大値を探します．ヒューズはこのときの突入電流に耐えなくてはなりません．

　突入電流制限にサイリスタではなく，パワー・サーミスタを使ったときは，瞬時停電での電源再投入という条件がもっとも厳しくなります．パワー・サーミスタは瞬時停電…短時間停電では温度が下がらず，抵抗値が低いまま電源が再投入されるので，その低い抵抗値であってもヒューズが切れないようにする必要があります．組み込み用電源のカタログなどに**コールド・スタート**と明記してあるのは，「使用

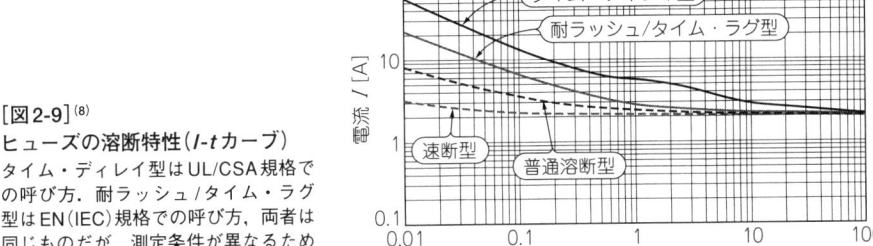

[図2-9][8]
ヒューズの溶断特性（*I-t*カーブ）
タイム・ディレイ型はUL/CSA規格での呼び方．耐ラッシュ／タイム・ラグ型はEN（IEC）規格での呼び方．両者は同じものだが，測定条件が異なるため違う溶断特性になっている

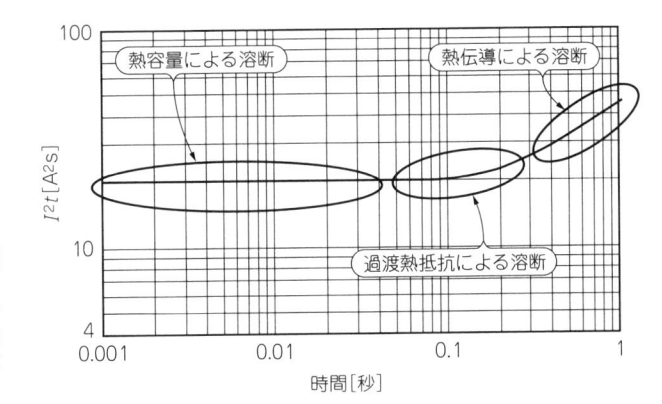

[図2-10]
ヒューズのもつ三つの溶断領域
ヒューズは通常は熱容量にて溶断すると思いがちだが，実際には性格的に三つの条件によって溶断する

しているパワー・サーミスタの温度が下がってから電源投入する」という意味です．

● **耐ラッシュ電流型／タイム・ラグ型ヒューズを使用する**

　図2-9にヒューズの基本的な溶断特性…*I-t*カーブの違いを示します．*I-t*カーブとは，回路に一定電流を流し続けたとき溶断するまでの時間のことです．ヒューズの溶断は，一般には流れる電流*I*の大きさによってヒューズ片の温度が上昇し，ある温度*t*を越えるとヒューズ片が溶けることによります．

　スイッチング電源では，AC入力1次側に突入電流が流れることから，ヒューズの特性はタイム・ディレイ型および耐ラッシュ／タイム・ラグ型を選びます．この両者は規格による測定条件の違いから異なる特性を示していますが，溶断特性そのものは同等です．

　ヒューズは図2-10に示すような三つの溶断領域をもっていますが，機能するのは過電流によってヒューズ片の温度が上昇し，ヒューズ片の金属が溶けて切れるこ

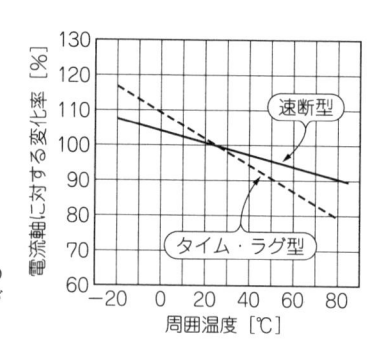

[図 2-11]⁽⁸⁾
ヒューズの温度特性
固有の温度特性をもっているので，電流を一定とすると温度が高くなるほど切れやすくなる

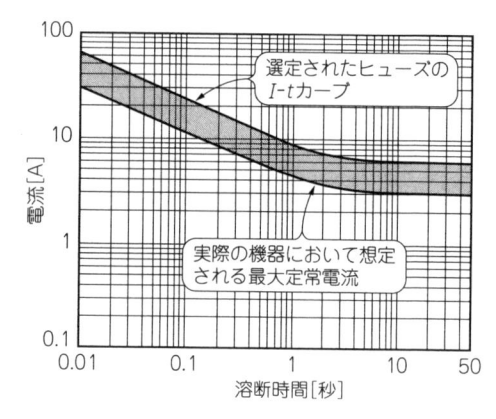

[図 2-12]⁽⁷⁾
ヒューズ選択におけるマージンのとり方
確実な動作を期待されるヒューズだが，機器の状況による電流変化をしっかり把握しておくことがとても重要

とです．ですから，ごく短時間の領域では過電流による熱が外部に伝わらないうちに溶けることになり，これはヒューズ片の熱容量で決まって，I^2t が一定になります．逆に長時間のときは熱が分散的に伝導し，放熱され安定すると，時間に関係なく溶断する電流が一定になるので I^2t は時間 (t) に比例して大きくなり，時間とは関係なくなります．その中間は，ヒューズのもつ過渡熱抵抗で温度上昇が決まって溶断することになります．

● **スイッチング電源以外では定格電流の約2.2倍を選ぶ**

　ヒューズ電流容量の決定は通常周囲温度25℃を基準にしますが，実際の周囲温度は環境やプリント基板搭載部品の発熱の影響を受けます．とくに高い周囲温度で使用する場合は，図2-11に示すように溶断特性の温度特性変化に留意する必要があります．周囲温度が高くなると，いくぶん切れやすい傾向になります．

　このほかヒューズには製品のばらつき，放熱条件による特性変化，ヒューズ片の

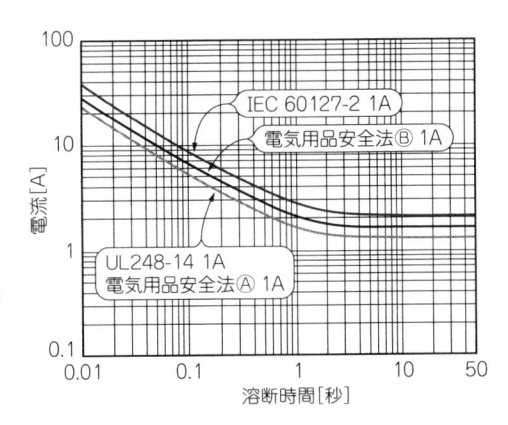

[図2-13]⁽⁷⁾
ヒューズは規格によって許容電流の表示方法が異なることがある
規格によって測定条件が異なるため，同一の定格であっても*I-t*カーブがメーカごとに異なっていることがある

経年細りなどがあるので，実際は図2-12に示すような余裕をとります．さらに安全規格の種類によって図2-13に示すような許容電流の表示が違うケースもあるので，これらも考慮します．

したがって，ヒューズの一般的な定格電流I_{FS}を求めるときは，

$I_{FS} \geq$ (定格)負荷電流×不溶断電流係数×温度係数

を満足することが必要です．このためおよそですが，

- 不要な溶断電流を定格電流の50%とする
- 温度係数を-10%とする

とします．総合すると，2.22×負荷電流ということになり，定格電流の2.22倍以上のヒューズが必要となります．

● 突入電流への耐量はヒューズのI^2t(ジュール積分値)特性で確認する

スイッチング電源のように突入電流が流れるときのヒューズの選択は，カタログに記載してある*I-t*カーブによる確認だけでは不足です．ヒューズのもつI^2t耐量と，流れる突入電流によるI^2tエネルギーの確認が必要です．

ヒューズの寿命が突入電流によって影響されないようにするには，設計段階から電源スイッチのON/OFF回数を想定しておきます．電源をひんぱんにON/OFFする家電機器などで規定の回数に耐えるようにするには，ヒューズのI^2t耐量と，負荷側のI^2tを算出する必要がありますが，ヒューズのI^2t耐量はメーカに問い合わせるしかありません．

負荷側のI^2tを簡易的に求めるには，電流波形のジュール積分値からI^2tを得る方法があります．これは図2-14に示すようにピーク電流波形が大きく，単発で複

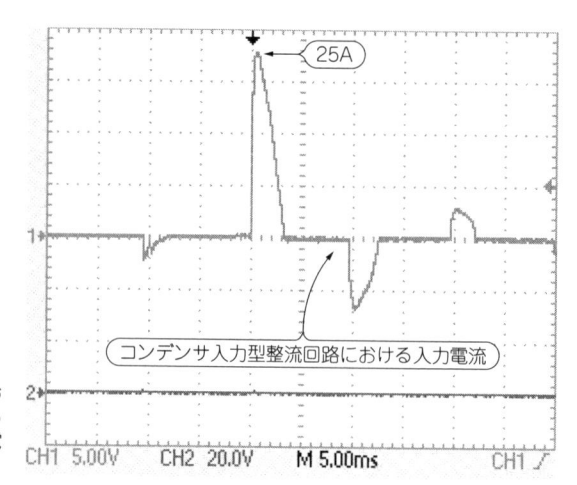

[図 2-14]⁽⁸⁾
突入電流の波形例
電子機器…電源の突入電流を把握しておくことは，ヒューズ選択以外のためにも重要．電流波形を測定するには専用の電流プローブが必要

25A
コンデンサ入力型整流回路における入力電流
CH1 5.00V　CH2 20.0V　M 5.00ms　CH1

名　称	波　形	ジュール積分値
正弦波（1/2サイクル）	I_m	$\frac{1}{2}I_m^2 t$
三角波	I_m	$\frac{1}{3}I_m^2 t$

[図 2-15]⁽⁸⁾
電流波形のジュール積分値を求めるとき役立つ，波形-$I^2 t$ 近似表

雑でないときに利用できるものです．近似波形における$I^2 t$の計算式を図 2-15 に示しておきます．ただし実際の機器においては，図 2-8 に示したようなパルス状電流が流れることもあるので，経験値を得るまでは以下に示す手順できちんと実測してみることをお勧めします．

　突入電流はオシロスコープに**電流プローブ**を接続して測定します．入力電流は電圧が最大，負荷が最大のときに最大になり，かつ投入位相によって最大値が変化するので，いろいろな位相でデータを採る必要があります．ランダムに何回も何回も電源投入を繰り返し，そのときの最大値を選んで突入電流のデータとします．しかも，測定の繰り返しでは平滑コンデンサが都度つど完全に放電してから試験を行う必要があるので，かなり時間がかかってしまいます．

　電流波形データを採り終えたら図 2-16 に示すように数サイクル分を取り出し，これを図 2-17（a）に示すように細かい時間（10μs 程度，または直線近似できる程度）に分割します．そして個々の$I^2 t$を算出して合計すると，全体の$I^2 t$が出てくるので

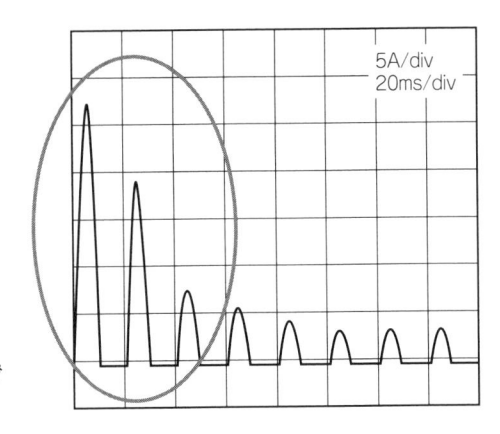

[図2-16][(8)]
機器の電流波形をオシロスコープで測定する

(a) 測定した突入電流を細かく時間分割する

(b) $I_m{}^2t$ の溶断特性グラフに書き換える

実際の機器において想定される最大$I_m{}^2t$

(c) 実際のヒューズのI^2t-tカーブに載せてみる

選定されたヒューズの$I_f{}^2t$-tカーブ

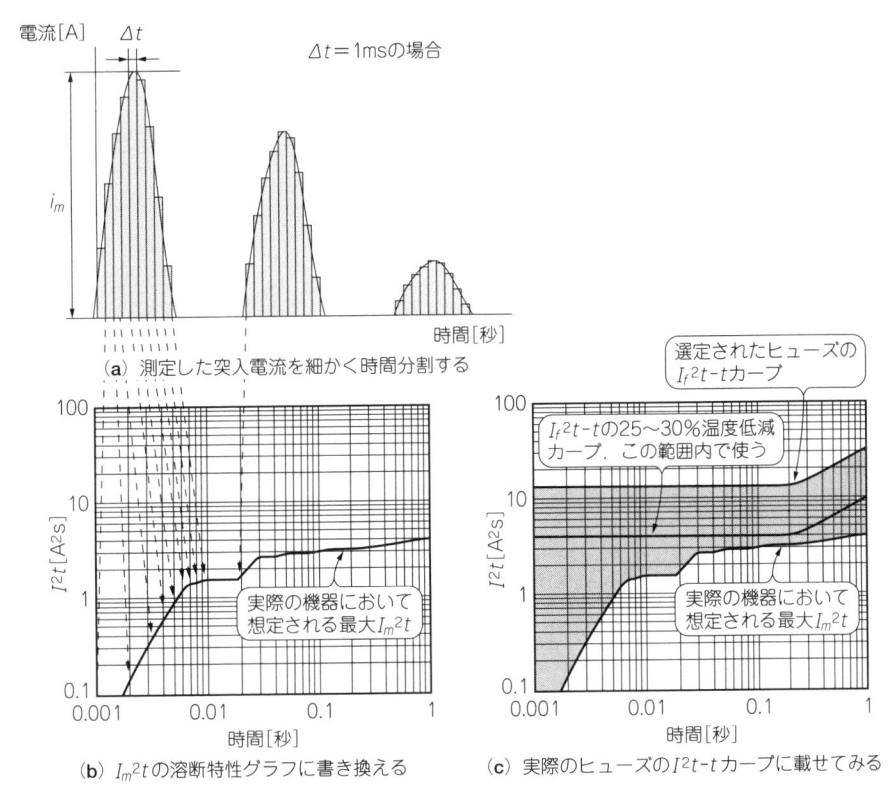

$I_f{}^2t$-tの25〜30%温度低減カーブ．この範囲内で使う

実際の機器において想定される最大$I_m{}^2t$

[図2-17][(7)] 電流波形からI^2t特性を算出する

2-2 安全保持のためにヒューズは必ず装備

Column (2)

電源回路の実験は絶縁トランスを使って

　ACラインに接続して使用するスイッチング電源などの実験においては，**感電事故や機器の故障**に対して万全の配慮が必要です．

　図2-Bにオシロスコープによるスイッチング電源の測定例を示しますが，オシロスコープ・プローブのBNCグラウンドとAC電源のアース(接地間)の漏れ電流により，感電や測定器の破損事故を起こす可能性があります．

　AC電源で動作する測定器は**絶縁トランス**などで商用電源ラインから絶縁して使う習慣をつけておきましょう．もちろん電池(バッテリ)動作による測定器を利用することも有効です．ただし，測定器を絶縁していても手で触れたりすると感電することは変わりません．

　一番良いのは，大きめの絶縁トランスをかかえた**電源実験用ベンチ**を特別に用意しておくことです．

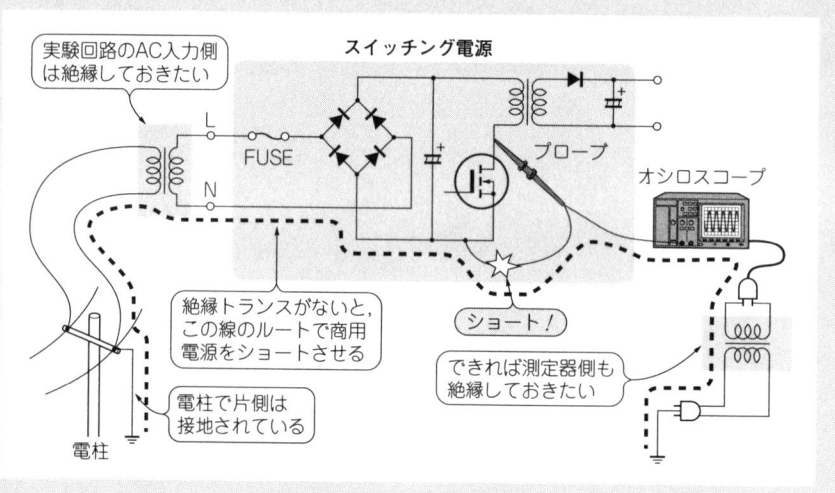

[図2-B] スイッチング電源の実験には絶縁トランスを常備しておきたい

　これを図(b)のようにグラフ上にプロットします．こののち図(c)に示すように実ヒューズの$I^2 t$グラフと比較して，マージンをチェックします．

　なお$I^2 t$の計算を行うには，図2-18に示す(a)の矩形で計算するときは，1箇所の$I^2 t$は，$I^2 t = I_m \cdot \Delta t$となります．(b)のように直線(折れ線)で近似するときは1箇

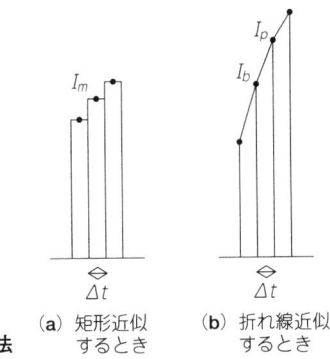

[図2-18] I^2t の近似の方法　　(a) 矩形近似するとき　　(b) 折れ線近似するとき

所のI^2tは，$I^2t = (I_b^2 + I_b/I_p + I_p^2)/3 \cdot \Delta t$で計算して，必要なぶんを加算していきます．

2-3　スイッチング電源におけるヒューズ選択の実際

● 変換効率，力率，突入電流を考慮して選ぶ

　では仮想のスイッチング電源において，実際のヒューズを選んでみましょう．ヒューズの選定は基本的に，定常電流，突入電流，異常電流 の3条件で評価を行います．はじめにAC入力電流の定常電流を知ることがスタートです．

　スイッチング電源の定格出力電力P_o = 30W，電源の変換効率η = 75%と仮定すると，入力電力$P_i = P_o/\eta$ = 30/0.75 = 40W

　AC入力100Vの最低入力電圧$V_{ac(\min)}$ = 90V，**力率はコンデンサ入力型整流回路なので**PF = 0.6と仮定すると，入力の定常電流$I_i = P_i/(V_{ac(\min)}/PF)$ = 40/90/0.6 = 0.74A

　これよりスイッチング電源の定常入力電流I_i = 0.74Aですが，スイッチング電源は突入電流が大きいことから，はじめは定格電流×1.5～1.6倍の耐ラッシュ型ヒューズを選定します．また，使用周囲温度の最大が70℃になると予想されるので，温度軽減率を10%とします．つまり求めるヒューズの定格電流I_{FS}は，

$$I_{FS} = I_i \times 1.5 \times 1.1 = 0.74 \times 1.5 \times 1.1 = 1.221\text{A}$$

となります．ここではSOC社の管型ヒューズ(5.2ϕ×20) ULTSC N1のなかから，1.25A品を選定します．図2-19にULTSC N1の定格とI-t，I^2t-t特性を示します．

　つぎに突入電流による影響を検討します．ここでは簡易的に，パルス電流波形のジュール積分値(I_m^2t-t)特性と比較しながら判断します．図2-15で示した三角形波

定格電圧	認証	定格電流(I_N)範囲*2	定格しゃ断電流	通電容量	温度上昇	過負荷溶断
AC125V	UL Listed CSA Certified <PS>E JED *1	100mA-10A	10000A 500A	力率 0.7-0.8	*3 *4	1.1I_N 70K以下 1.1I_N 中央部： 140K以下 接触部： 60K以下	1.35I_N： 60分以内 2.0I_N： 2分以内

*1：1A未満は電気用品安全法に定める適用定格に該当しない
*2：定格電流は100mA-10Aの範囲で任意に指定可能
*3：1.1I_Nで温度上昇が平衡になってから15分以上通電可能
*4：1.1I_Nで温度上昇が平衡になるまで通電可能

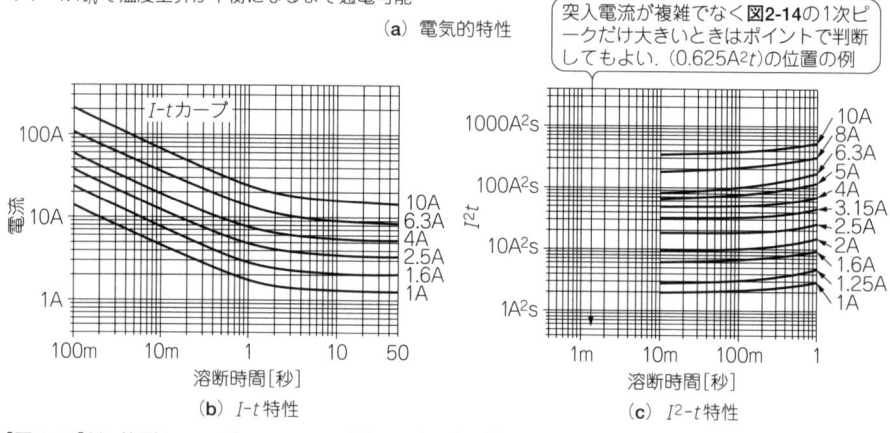

(a) 電気的特性

(b) I-t特性

(c) I^2-t特性

[図2-19][7] 管型ヒューズ ULTSC N1(耐ラッシュ)の特性 [エス・オー・シー(株)]

と近似して突入電流のピーク値が25A，負荷電流の時間幅が3msあるとすると，

$I^2t = I_p^2/3 \times t = 25 \times 25/3 \times 3 \times 10^{-3} = 0.625 \text{A}^2t$

となります．図2-19(c)のI^2t-t特性はヒューズ・メーカから提供してもらったデータですが，I^2-t特性のジュール積分値A^2t特性から0.625A^2tの点が1.25A品のライン以下となっているので，問題ない領域であることがわかります．予期しない環境を考慮しても1.25A品のラインを25〜30%低減した領域なので安全圏と判断できます．

● 安全規格認定品であること

　ヒューズは電源スイッチと同じように，安全規格で**重要安全部品**に指定されています．必ず，使用する地域の安全規格認定品から選びます．**表2-3**に，おもな国ごとのヒューズの安全規格と表記マークなどを示します．ヒューズには**写真2-4**に示

[表2-3](8) ヒューズの安全規格は国によって異なる

国　名	ヒューズ定格電圧	マーク	ファイルNo.	電流定格
ドイツ	AC250V	VDE	5007679-1170-0038/82455	1A-4A (注1)
		VDE REG.-Nr. XXXX	5007679-1170-0006/82571	5A-6.3A
スウェーデン		S	709068	1A-6.3A
米国	AC125V	c UL us	E 67006	1A-10A
日本		PSE JET	JET1896-31007-2001 JET1896-31007-1003	1A-10A (注2)
中国	AC250V	CCC	2007010207240344	1A-4A
		CQC	CQC07012021162	5A-6.3A
韓国		K	SU05024-7003 SU05024-7002 SU05024-7001 SU05024-7004 SU05024-7005	1A-6.3A

(注1) 標準的に使われるラインアップ例
(注2) 1A未満は電気用品安全法の定める適用規格に該当しない

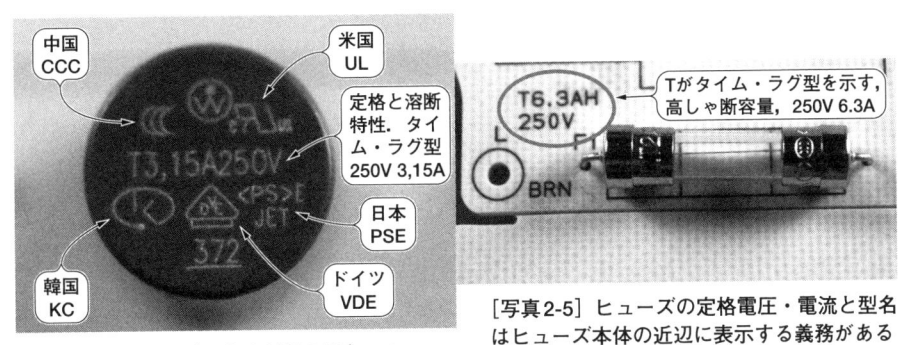

[写真2-4] ヒューズにある刻印の例（Wickmann TR5）

中国 CCC / 米国 UL / 定格と溶断特性．タイム・ラグ型 250V 3,15A / 日本 PSE / ドイツ VDE / 韓国 KC

[写真2-5] ヒューズの定格電圧・電流と型名はヒューズ本体の近辺に表示する義務がある

Tがタイム・ラグ型を示す，高しゃ断容量，250V 6.3A

すように電圧，電流，認定マークが必ず刻印されています．

　日本国内であれば**電気用品安全法**が適用されPSE（旧電気用品取締法），北米であれば米国のUL，UR，カナダのCSA，ヨーロッパ（EU）ではEN（IEC）などそれぞれ

2-3 スイッチング電源におけるヒューズ選択の実際　**045**

の国によって認定機関による安全規格の認可マークがついているので，適合するもの，または相互認証されているものを選定します．

　電圧は各国の該当する値が表示されています．日本国内や北米はAC125V，その他はAC250Vの表示です．また，交換できるヒューズは安全規格上から定格電圧，定格電流と型名をヒューズ本体の近辺に表示することが要求されています．**写真2-5**にその例を示しますが，プリント基板の設計時には注意が必要です．各表示記号は以下の通りです．

```
F：速断型           T：タイム・ラグ型
L：低しゃ断容量     E：中しゃ断容量     H：高しゃ断容量
```

● ヒューズの定格電流を選ぶとき

　あるヒューズ・メーカからカタログを取り寄せて，各種あるヒューズの特性を見ていると，定格電流のところは**定格電流範囲**となって[0.1A～10A]と表示されています．そして，定格電流は上記の範囲で任意に指定可能と注意書きされています．

　ヒューズは非常に重要な部品ですから，仕様に合わせて用意するのは正しいと言えます．しかし，注文による電流仕様というのは量産機器において採れる手段であり，**少量生産機器**においては，メーカに標準的に在庫されている部品から選ぶことのほうが一般的です．

　ヒューズは，およそのメーカにおいては以下に示す数値の定格電流でもって，ヒューズがラインナップされているようです．もちろん実際には，メーカ問い合わせのうえ確認を行ってください．あるメーカのラインナップされているヒューズの定格電流値は，以下のようになっています．

```
0.1A／0.125A／0.2A／0.25A／0.3A／0.4A／0.5A／0.6A／0.8A／
1A／1.25A／1.6A／2A／2.5A／3A／4A／5A／6A／7A／8A／10A
```

　なお，安全規格を取得されている装置や電源に使われているヒューズを交換する場合は，同じ定格であってもメーカごとに特性が異なるので，同メーカ・同品番のものを使うことが重要です．

● 異常時のヒューズ溶断条件

　さいごに，異常時に溶断する条件を考えておきましょう．

　まず負荷電流に対して，異常時にどの程度の電流が流れるかを見積もります．負荷の部品が短絡破損した場合を想定し，異常時の電流がヒューズ定格電流の200％以上になるか，それ以下かを判別して想定すれば良いでしょう．最終的には，実機

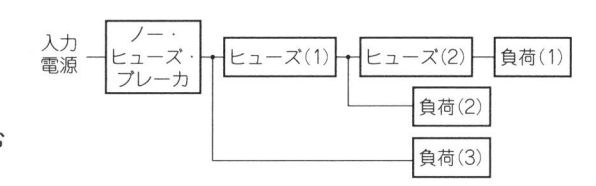

[図2-20][(8)] 複数のヒューズが絡むとき…保護協調が必要

での確認も必要です．

　また図2-20に示すように，ヒューズ(1)より負荷側に別の保護回路が入っている場合は，後段のほうが速く溶断しなければなりません．ヒューズよりも入力側に保護回路(ブレーカなど)がある場合には，それよりも速く溶断しなければなりません．このようなシステムを**保護協調**と呼びます．

　協調が取れない場合は保護回路を分けて，別にヒューズを入れることもあります．たとえば負荷(1)の事故でヒューズ(1)が先に溶断してしまうと，負荷(2)も止めてしまうことがあります．

2-4　AC入力部のサージ耐力を強化するサージ・アブソーバ

● AC電源ラインから入って来るサージへの対応

　写真2-6に示すのは，データは少し古いですがAC電源ラインに現れたサージ波形の一例です．産業用電子機器などのAC電源ラインには，モータや電磁開閉器などが電源OFFされたとき，数百V以上の異常電圧…**開閉サージ**を発生させる機器がつながっていることがあります．機器の設置環境が屋外だったりすると誘導雷サージが混入することも考えられ，想像を超える大きなサージが入ると，機器にダメージを与えます．とくに防御を備えていない電子機器にサージが加わると，機器内部の半導体などに耐圧以上の高電圧が加わり，一瞬にして破壊されてしまうことがあります．図2-21にAC電源ラインに現れる可能性のあるサージの種類を示しておきます．

　とは言え，組み込み型スイッチング電源などの使用においては，配電系の入口である程度のサージ対策がなされています．そのため，必ずしもすべてのAC電源ラインにサージ対策が必要ということではありません．しかし，**配線が屋外にまでおよぶ通信機器**などにおいては，サージ混入への対策は必要です．

　このようなAC入力ラインからのサージ混入に対して，機器内部の回路を保護するために使用されるのが，サージ・アブソーバと呼ばれるものです．図2-22に各

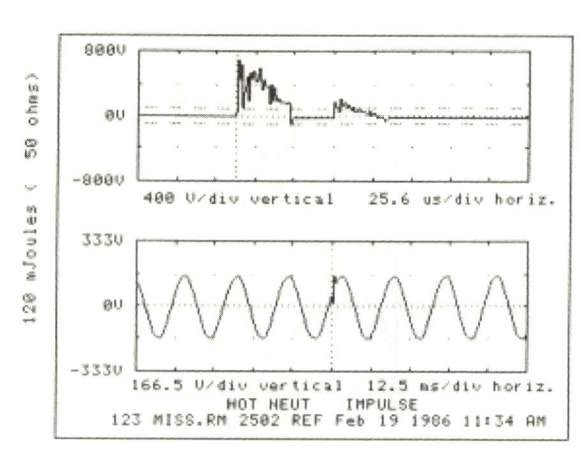

[写真 2-6][9]
AC電源ラインに現れるサージの一例
ACラインにつながった誘導性負荷をOFFしたとき観測されたインパルスの例．高周波のリンギングが見られるが，これはスイッチ接触が離れたとき放電によって起きていると思われる（BASIC MEASURING INSTRMENTS 1991, パワーシグネチャー・ハンドブックより引用）

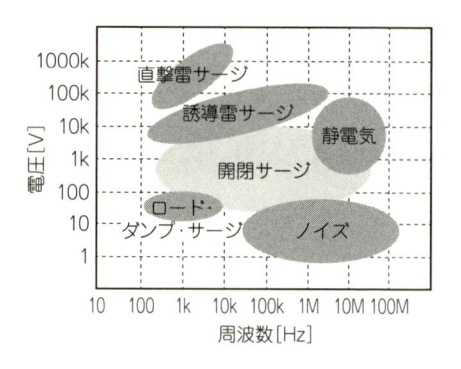

[図 2-21][10]
AC電源ラインに現れるサージの種類
ロード・ダンプ・サージとは，車載電装部分で発生するもの．オルタネータがバッテリの充電中に，負荷側で接触不良などによってバッテリ接続が断続したとき生じるサージのこと

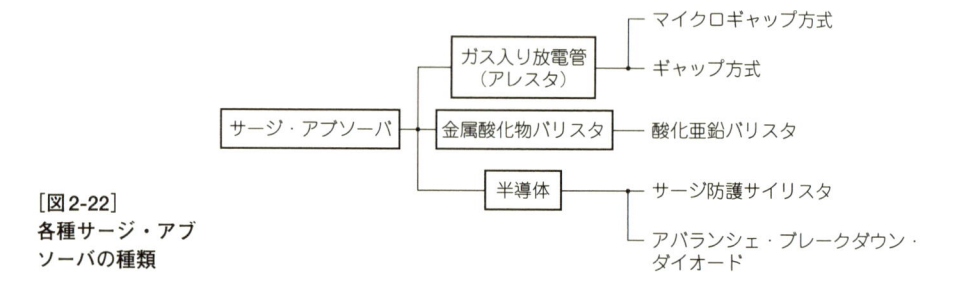

[図 2-22]
各種サージ・アブソーバの種類

種サージ・アブソーバを示します．実際は**セラミック・バリスタ**(酸化亜鉛バリスタ)や**ガス入り放電管**による対策が多いようです．ガス入り放電管は**アレスタ**(arrester：避雷器)とも呼ばれています．

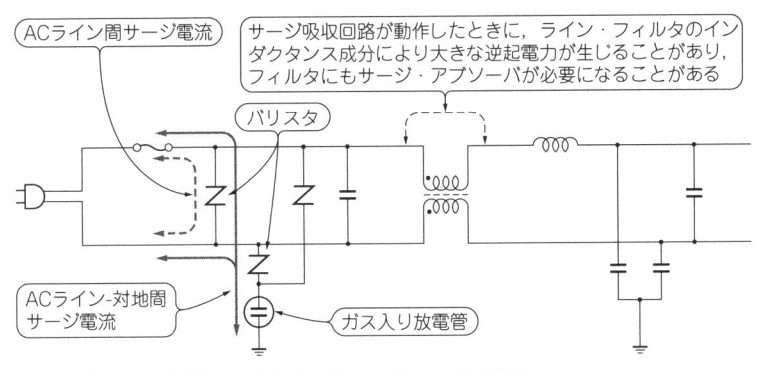

[図2-23] AC入力部におけるサージ・アブソーバの挿入

図中ラベル：
- ACライン間サージ電流
- サージ吸収回路が動作したときに，ライン・フィルタのインダクタンス成分により大きな逆起電力が生じることがあり，フィルタにもサージ・アブソーバが必要になることがある
- バリスタ
- ACライン-対地間サージ電流
- ガス入り放電管

　半導体による高速応答のツェナ・ダイオード型もありますが，こちらは高速ノイズのサプレス（吸収）が目的です．誘導雷などをふくむ大きなサージを吸収する目的のときはセラミック・バリスタやガス入り放電管が使用されています．

● **セラミック・バリスタとガス入り放電管の使い分け**

　図2-23にスイッチング電源におけるサージ・アブソーバの挿入例を示します．サージ・アブソーバは，サージが混入してくる可能性のあるところに挿入します．つまり，ACライン間および，ライン-フレーム（グラウンド）間に挿入します．

　ところが**スイッチング電源ではライン-フレーム間が絶縁**されていることがたいへん重要で，安全規格で定められているAC1500Vとかの耐電圧を加えて確認試験が行われます．セラミック・バリスタの制限電圧は数百Vオーダです．ということは，ライン-フレーム間にセラミック・バリスタを挿入すると，AC耐圧試験をクリアできないことがわかります．もちろん，AC耐圧試験の終了後にセラミック・バリスタを挿入することは可能ですが…．

　一方，ガス入り放電管は通常は高抵抗状態で電流を流していません．しかし一定以上のサージが加わると，**放電→低抵抗状態**になります．そしてサージ電圧が低下しても，それが放電を維持できる電圧であるなら，高抵抗状態に戻らない性質があるのです．このような現象を**続流**と呼びます．つまり続流によって，サージを吸収しているときの電圧は低くなるけれど，電源本流からのエネルギーを止めることができず，放電が止まらず発煙・発火の可能性が生じることになります．ということで，ガス入り放電管をACライン間に直接使用することは危険です．図2-24に，インパルスに対するサージ・アブソーバの応答波形を示します．

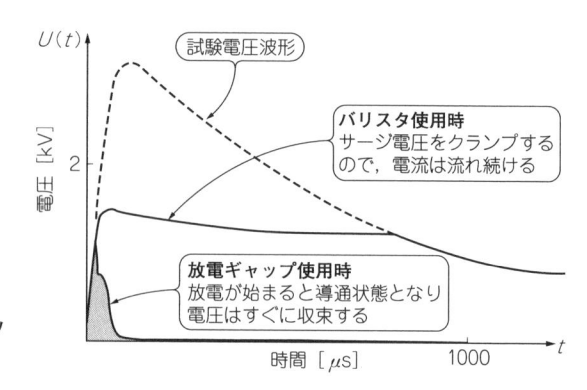

[図2-24]
インパルスに対するサージ・アブソーバの応答波形

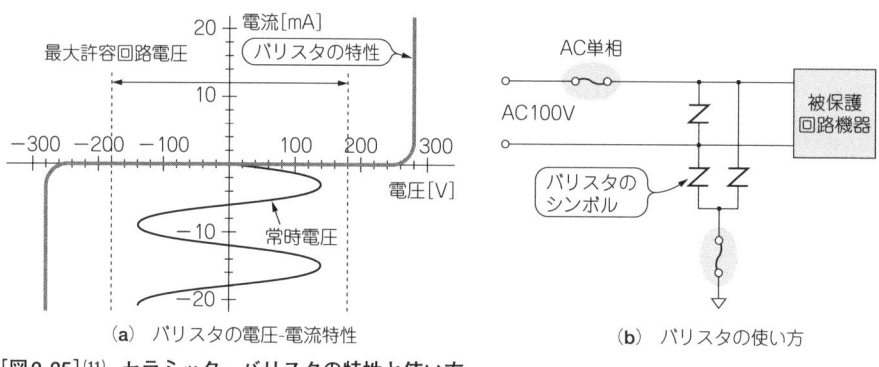

(a) バリスタの電圧-電流特性
(b) バリスタの使い方

[図2-25][11] セラミック・バリスタの特性と使い方

セラミック・バリスタとガス入り放電管は性質をよく理解して使用することが重要で，できれば（ガス入り放電管＋セラミック・バリスタ）の組み合わせが効果的ということになります．

● セラミック・バリスタを使うとき…耐量寿命がある

AC電源ライン間には焼き物のセラミック・バリスタを使用することができます．図2-25に示すのはセラミック・バリスタの特性と使用例です．バリスタは高電圧の双方向性ツェナ・ダイオードのような特性になっています．ACライン間に挿入しますが，バリスタが導通すると大きな電流が流れることになるので，必ずヒューズと併用します．ヒューズと同じく安全規格部品なので，認可されている部品を選択します．

表2-4にセラミック・バリスタの一例を示します．このバリスタは図2-26に示す

[表2-4][11] セラミック・バリスタ TND05V/TND07V シリーズ［日本ケミコン（株）TNR シリーズより］

品　番	最大定格の一部 最大許容回路電圧 AC [Vrms]	DC [V]	エネルギー耐量 2ms [J]	最大制限電圧 [A]	[V]	静電容量（参考値）[pF]	バリスタ電圧定格（範囲）V0.1mA [V]	寸法 T Max. [mm]
TND05V-820KB00AAA0	50	65	2.5		145	400	82(74～90)	4.1
TND05V-101KB00AAA0	60	85	3		175	350	100(90～110)	4.3
TND05V-121KB00AAA0	75	100	3.5		210	310	120(108～132)	4.5
TND05V-151KB00AAA0	95	125	4.5		260	270	150(135～165)	4.8
TND05V-181KB00AAA0	110	145	5		325	190	180(162～198)	4.3
TND05V-201KB00AAA0	130	170	6		355	110	200(185～225)	4.4
TND05V-221KB00AAA0	140	180	6.5		380	110	220(198～242)	4.5
TND05V-241KB00AAA0	150	200	7.5	5	415	100	240(216～264)	4.6
TND05V-271KB00AAA0	175	225	8		475	90	270(247～303)	4.8
TND05V-331KB00AAA0	210	270	9.5		570	80	330(297～363)	5.1
TND05V-361KB00AAA0	230	300	11		620	80	360(324～396)	5.3
TND05V-391KB00AAA0	250	320	12		675	70	390(351～429)	5.4
TND05V-431KB00AAA0	275	350	13.5		745	70	430(387～473)	5.6
TND05V-471KB00AAA0	300	385	15		810	60	470(423～517)	5.8
TND07V-820KB00AAA0	50	65	5		135	800	82(74～90)	4.1
TND07V-101KB00AAA0	60	85	6		165	700	100(90～110)	4.3
TND07V-121KB00AAA0	75	100	7		200	650	120(108～132)	4.5
TND07V-151KB00AAA0	95	125	9		250	600	150(135～165)	4.8
TND07V-181KB00AAA0	110	145	11		300	430	180(162～198)	4.3
TND07V-201KB00AAA0	130	170	12.5		340	250	200(185～225)	4.4
TND07V-221KB00AAA0	140	180	13.5		360	230	220(198～242)	4.5
TND07V-241KB00AAA0	150	200	15	10	395	210	240(216～264)	4.6
TND07V-271KB00AAA0	175	225	17		455	190	270(247～303)	4.8
TND07V-331KB00AAA0	210	270	20		545	160	330(297～363)	5.1
TND07V-361KB00AAA0	230	300	23		595	150	360(324～396)	5.3
TND07V-391KB00AAA0	250	320	25		650	140	390(351～429)	5.4
TND07V-431KB00AAA0	275	350	27.5		710	130	430(387～473)	5.6
TND07V-471KB00AAA0	300	385	30		775	120	470(423～517)	5.8
TND07V-511KB00AAA0	320	410	32		845	110	510(459～561)	6

（a）電気的特性

（注1）TND05V：サージ電流耐量 800A/1回 or 400A/2回，定格パルス電力 0.1W
（注2）TND07V：サージ電流耐量 1750A/1回 or 1250A/2回，定格パルス電力 0.25W
（注3）サージ電流耐量：8×20μsの標準衝撃電流波形を1回または5分間隔で2回印加したとき，バリスタ電圧の初期値に対する変化率が10％以内であるときの最大電流値を示している
（注4）エネルギー耐量：2ms矩形波を1回印加したとき，バリスタ電圧の初期値に対する変化率が10％以内であるときの最大エネルギーを示している

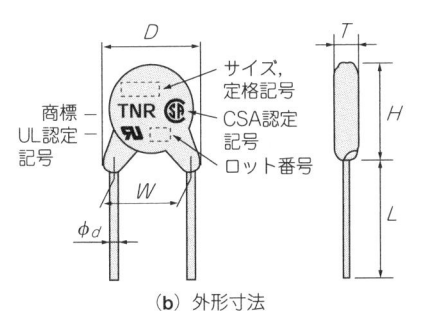

（b）外形寸法

型式	D (max)	H (max)	T (max)	L (min)	ϕ_d ±0.05	W ±1.0
5Vタイプ	7.5	10.0	定格表参照	20.0	0.6	5.0
7Vタイプ	8.5	11.5		20.0	0.6	5.0

（c）タイプによる寸法の違い

2-4　AC入力部のサージ耐力を強化するサージ・アブソーバ

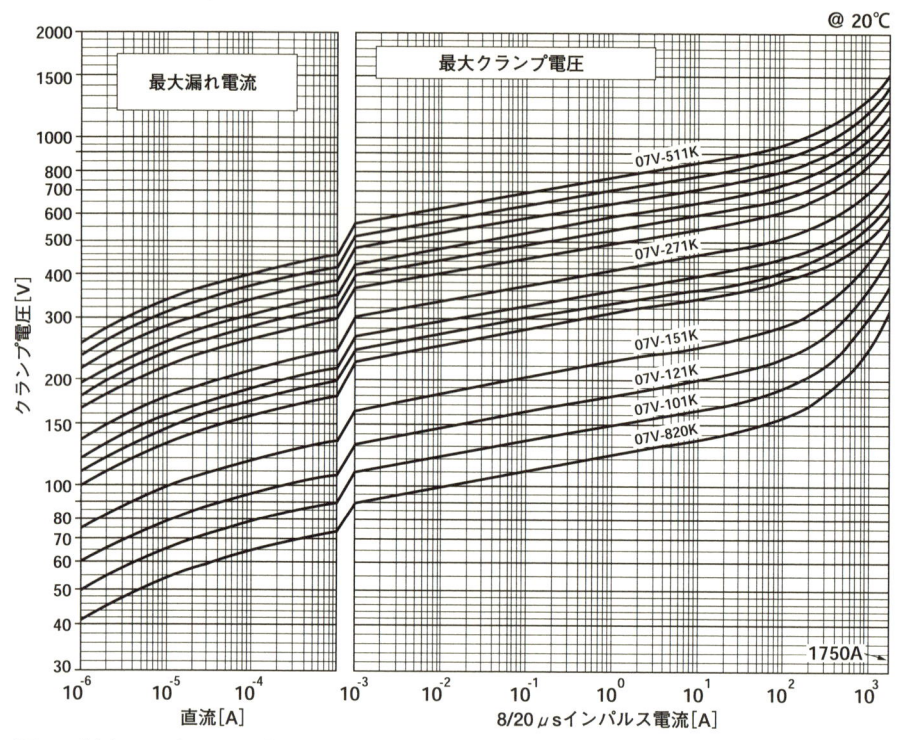

[図2-26] (11) セラミック・バリスタ TNRシリーズの電圧-電流特性

ように電流が1mA流れたときの電圧をバリスタ電圧と定義し，制限電圧は(8×20 μs)のパルス電流を流したときの端子電圧で規定されています．たとえば表2-4においてDC270V品…TND07V-271KB00AAA0の場合には，インパルス電流10Aで455Vが制限電圧で，図2-26のチャートでもそのようなカーブになっています．

　図2-27がサージ耐量とライフとの関係です．縦軸が耐えうるサージ電流（ピーク・パルス電流），横軸がパルスの継続時間…**波尾長電流**を示します．電流が大きくパルス幅が大きいと耐えうるパルス頻度が少なくなることを示しています．耐えうるパルス頻度を越えると，バリスタは既定電圧より低い電圧で電流が流れるようになり，少しずつ素子が破損して，短絡モードになることは知っておく必要があります．たとえば製品の試験において，実際にサージを印加するとき，

- ACライン間に(＋)サージ5回
- ACライン間に(－)サージ5回

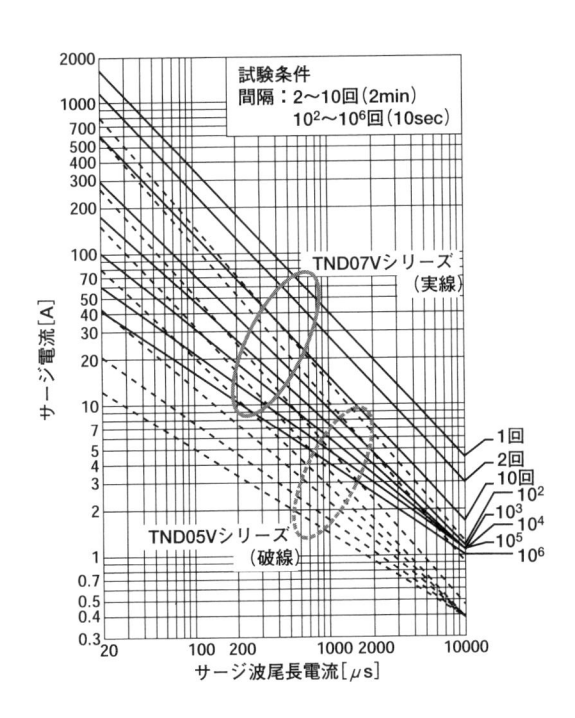

[図2-27]^(11)
TND07V/TND05Vシリーズのサージ耐量とライフ特性

試験条件
間隔：2～10回(2min)
　　　10^2～10^6回(10sec)

TND07Vシリーズ（実線）
TND05Vシリーズ（破線）

縦軸：サージ電流[A]
横軸：サージ波尾長電流[μs]

1回, 2回, 10回, 10^2, 10^3, 10^4, 10^5, 10^6

などの試験を行うと，そのぶん**サージ耐量の寿命が減る**ことになります．雷などによるACラインへのサージ混入回数はそれほど多くなるとは考えられませんが，リレーやモータの開閉サージは，セラミック・バリスタの寿命への配慮が必要です．

　なお，セラミック・バリスタをスイッチング電源などのパワー・スイッチング素子に生じる連続的なサージ・ノイズを除く目的には，絶対に使用してはいけません．耐圧の劣化により発熱や漏れ電流増大で熱暴走を引き起こし焼損を招いてしまいます．

● バリスタの抑制するサージ耐電圧とサージ耐量の求め方

　セラミック・バリスタはサージなどのインパルスを抑制するための素子ですが，頻繁にサージを受けるようだと耐量が縮退していく性質があります．よって，使用する箇所によってどのようなサージがあり得るかをよく検討して選ぶ必要があります．

　AC100V系の入力回路…85～130Vをカバー範囲とするとき，5kVのサージ…インパルス($1\times40\mu s$)を10回印加するとします．AC1次側回路にはヒューズやXコンデンサ，Yコンデンサ，ライン・フィルタなどが装備されますが，これらにはサ

ージ電圧に耐えるものを選択することができます．しかし，整流用ブリッジ・ダイオードなどには600V程度の耐圧しかないので，バリスタによって600V以下に抑えることになります．つまりバリスタとしては，$130V \times \sqrt{2} \times 1.2 = 220VDC$ となるので，カタログからDC270V品を選択すれば良いことになります（1.2はバリスタのバラツキを20%とした）．

同様に**ワールド・ワイド仕様のときの入力回路**…85～265Vをカバーするときは，バリスタとしては$265V \times \sqrt{2} \times 1.2 = 450V$ となるので，カタログからDC470V品を選択すればよいことになります．

一方，サージ耐量はサージ源のサージ・インピーダンスを50Ωとすると，$5kV/50Ω = 100A$ のピーク電流となり，サージ電流耐量100A・10回・40μsから，バリスタのサイズを検討します．

表2-4に示したTND05タイプでも，データシートから40μsで10回は耐えることができます．ただし配線インダクタンス分によって電流は大きく変わるので余裕をみるとTDN07Vクラスのほうが良いでしょう．

サージ耐量は**図2-27**において，まず横軸パルス幅で40μsとします．そしてTDN07Vのカタログ特性で縦軸の100Aと10回のラインを結ぶと300A程度は耐えられることがわかります．このときの制限電圧は，カタログ特性から525Vとなるので，バリスタ保護以降の部品耐圧が525Vのサージが印加されても破損しないことを確認しておく必要があります．

なお，バリスタは静電容量が大きいのでEMI特性試験のあとにこれを追加すると，EMI特性が変化してしまうことがあります．EMI測定の前に対策実施しておきたいものです．静電容量が大きく，漏れ電流やEMIで不都合がある場合は，静電容量の小さな半導体バリスタやギャップ・タイプのサージ・アブソーバなどを直列に挿入するなどの考慮が必要です．

● **ACライン-フレーム間にはガス入り放電管＋バリスタ**

ガス入り放電管の一例を**表2-5**に示します．ガス入り放電管は，不活性ガスに満たされたガラス管の中でサージ電圧を放電させ，過大なエネルギーを消化します．内部ギャップ間での放電を利用しているため，放電電流は流れ続けようとするので，これをしゃ断するために前述のセラミック・バリスタと直列接続して使用するのが一般的です．

表2-5に示したガス入り放電管では表中にも示されているように，認定バリスタと直列接続することにより，安全規格を満たすようになっています．また，**表2-6**

[表2-5]⁽¹²⁾ ガス入り放電管の一例[RA-V7-MXシリーズ, 岡谷電機産業(株)]

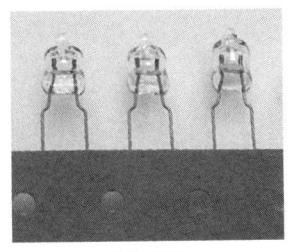

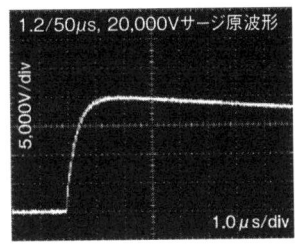

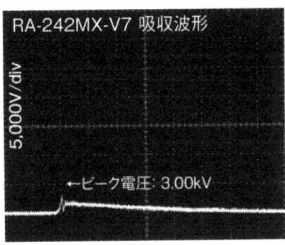

(a) 外観

(b) サージ吸収特性

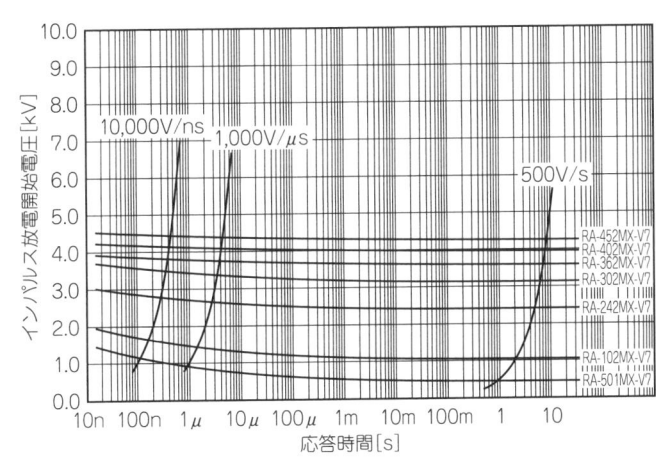

(c) V-T特性

型　名	直流放電開始電圧[V]	耐圧試験	安全規格			
			UL1449	CSA	TUV	SEMKO
RA-501MX-V7-Y/Y(5)	500(400 〜 600)	−	○*1,*3	○*4,*5	−	○
RA-601MX-V7-Y/Y(5)	600(480 〜 720)	−	○*1,*3	○*4,*5	−	○
RA-102MX-V7-Y/Y(5)	1000(800 〜 1200)	−	○*2,*3	○*4,*5	−	○
RA-152MX-V7-Y/Y(5)	1500(1200 〜 1800)	−	○*2,*3	○*4,*5	−	○
RA-242MX-V7-Y/Y(5)	2400(1920 〜 2880)*7	AC1250V, 3s	○*2,*3	○*4,*5	−	○
RA-302MX-V7-Y/Y(5)	3000(2400 〜 3600)*7	AC1500V, 60s	○*1,*3	○*4,*5	○*6	○
RA-362MX-V7-Y/Y(5)	3600(2880 〜 4320)*7	AC1800V, 3s	○*1,*3	○*4,*5	○*6	○
RA-402MX-V7-Y/Y(5)	4000(3200 〜 4800)*7	AC2000V, 60s	○*1,*3	○*4,*5	○*6	○
RA-452MX-V7-Y/Y(5)	4500(3600 〜 5400)*7	AC2000V, 60s	○*1,*3	○*4,*5	○*6	○

●電気的特性
①静電容量：1.0pF(@1MHz)max
②インパルス電流耐量：3500A(8/20μs)
③インパルス電流寿命：300回(8/20μs, 100A)
④直流放電開始電圧：*7は参考値
●安全規格について
*1：定格電圧 AC125Vで使用する場合：UL認定バリスタ(V1.0mA≧270V, D≧φ7mm)と直列接続することにより認定されている
*2：定格電圧 AC125Vで使用する場合：UL認定バリスタ(V1.0mA≧270V, D≧φ5mm)と直列接続することにより認定されている
*3：定格電圧 AC250Vで使用する場合：UL認定バリスタ(V1.0mA≧390V, D≧φ5mm)と直列接続することにより認定されている
*4：定格電圧 AC125Vで使用する場合：UL認定バリスタ(V1.0mA≧270V, D≧φ14mm)と直列接続することにより認定されている
*5：定格電圧 AC250Vで使用する場合：UL認定バリスタ(V1.0mA≧470V, D≧φ14mm)と直列接続することにより認定されている
*6：定格電圧 AC125V/AC250Vで使用する場合：UL認定バリスタ(V1.0mA≧470V, D≧φ5mm)と直列接続することにより認定されている

(d) 電気的特性

[表2-6]⁽¹²⁾ ガス入り放電管＋バリスタの一例[R・A・M-LASシリーズ，岡谷電機産業(株)]

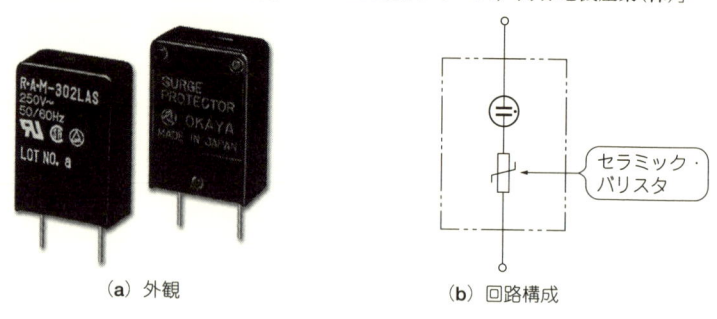

(a) 外観

(b) 回路構成　　セラミック・バリスタ

型名	定格電圧 50/60Hz [VAC]	最大許容回路電圧 [VAC]	直流放電開始電圧 +30/−20% [VAC]	インパルス電流耐量 8/20μs[A]	絶縁抵抗 DC500V	耐圧試験 [VAC]	静電容量 1MHz max[pF]	使用温度範囲[℃]	安全規格
R・A・M-242LAS	125	140	2400	2000	$10^9 \Omega$	2400	2	−20〜+80	UL CSA
R・A・M-302LAS	250	300	3000			3000			UL CSA TUV
R・A・M-362LAS			3600			3600			

(c) 電気的特性

に示すようにガス入り放電管とセラミック・バリスタとを一体化してパッケージに収めたものも市販されています．

　誘導雷などの大きなサージへの対策は，ACラインなどの外部からの侵入を防ぐことが目的なので，できるだけACライン入力に近いところに配置します．独立したサージ・アブソーバ(避雷器)ユニットとしてケースに収めるほうが，実用には合理的といえます．

スイッチング電源[1] AC入力 1次側の設計

第3章
ノイズEMC対策とライン・フィルタの設計

スイッチング電源の採用は，ノイズEMCとの闘いといわれることもあります．
電源回路技術を知る前に，後手に回らないよう，
ノイズEMCへの知識を深めておくことが重要です．

3-1　なぜAC入力1次側にノイズEMC対策？

● スイッチング電源自体がノイズ源である

　スイッチング電源はその構成からも推測できるように，「AC入力1次側で高電圧（大容量ならさらに大電流）を高速にスイッチングする」機器です．そのため回路方式によって大きさの違いはありますが，電源回路自身がスイッチング・ノイズの発

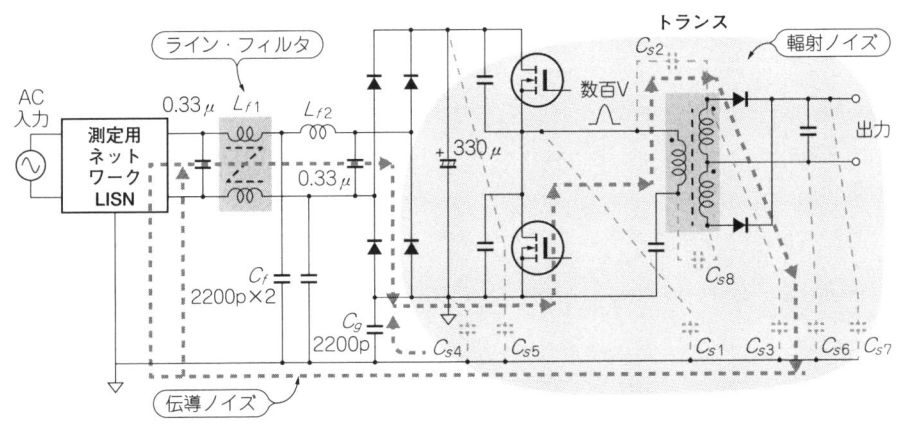

[図3-1] スイッチング電源モジュールの発生するノイズ
回路は近年使用されることが多くなってきた**LLC共振型**と呼ばれる構成．低ノイズであることが売り物．伝わり方の違いで伝導ノイズと輻射ノイズとに分けている．さまざまな回路部品や配置・配線経路における分布容量やトランスの漏れインダクタンスが，静電的あるいは磁気的に結合して，ノイズ発生の要因になっている

(a) 出力リプルの定義

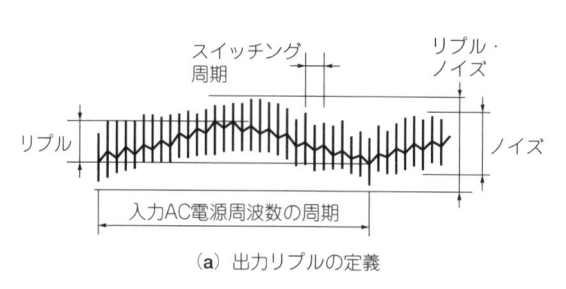

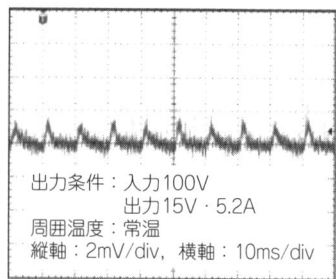

(b) LLC共振型電源の出力ノイズ例

[図3-2](13) スイッチング電源の出力ノイズ
仕様書などに示されている出力ノイズはいわゆる出力リプルと，スイッチングに伴うスパイク的なノイズが合成されたものである．(b)のデータは超低ノイズを謳ったスイッチング電源の出力ノイズ例

生源であるともいえます．**スイッチング・ノイズ**…これは言い換えると**電磁障害**…EMI(Electro-magnetic interference)とも呼ばれています．

図3-1は，スイッチング電源におけるEMIノイズの伝わり方を示しています．EMIは，その伝わり方によって伝導ノイズと輻射ノイズという二つのルートがあります．**伝導ノイズ**とは実際の電線…AC電源ラインや信号ケーブルなどを通して伝わるノイズのことで**端子雑音**とも呼ばれるノイズのこと，**輻射ノイズ**は**放射**(radiation)**ノイズ**とも呼ばれるように，電磁波…電波として空中から伝わるノイズのことです．これらEMIノイズは，横軸を周波数，縦軸を信号強度(レベル)とし，準尖頭値の測定できる**スペクトル・アナライザ**によって測定します．

なお電源などにおいては出力ノイズとして，図3-2に示す**リプル・ノイズ**と呼ばれるものがあります．これはオシロスコープによって測定されるもので，横軸が時間，縦軸が電圧レベルになっています．大事な性能の一つですが，EMIとは直接には関連しません．

図3-3に，一般のスイッチング電源モジュールにおける伝導ノイズ・スペクトルの例を示します．(a)はノイズ対策を行っていないときの例ですが，(b)と(c)はAC入力部に後述する**ライン・フィルタ**によってノイズ対策を行ったときの例です．回路技術の進歩によってノイズ発生の少ないスイッチング電源も出現しつつありますが，完全ノイズ・フリーの状況にはいたっていません．

ACラインに発生(重畳)したノイズが，一定レベル以上スイッチング電源から外部に出ないようにするには，ライン・フィルタと呼ばれる部品を装備して対策します．ライン・フィルタの役割は，スイッチング電源の発生するノイズ(EMI)を他の機器に被害をおよぼさぬレベルまで減衰させること，加えてACラインを通して外

[図3-3][14], [15] **スイッチング電源モジュールの伝導ノイズ・スペクトル例**
ライン・フィルタが挿入されてないと，電源近くではAMラジオがまともに聴けないほどのノイズを経験することもある

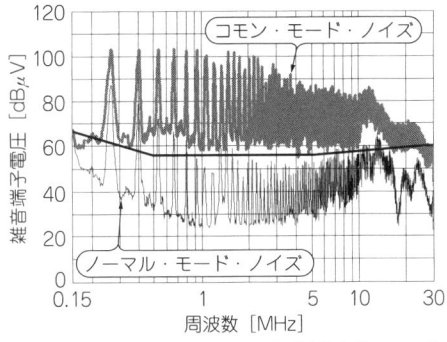

(a) ライン・フィルタによるノイズ対策を行っていないとき

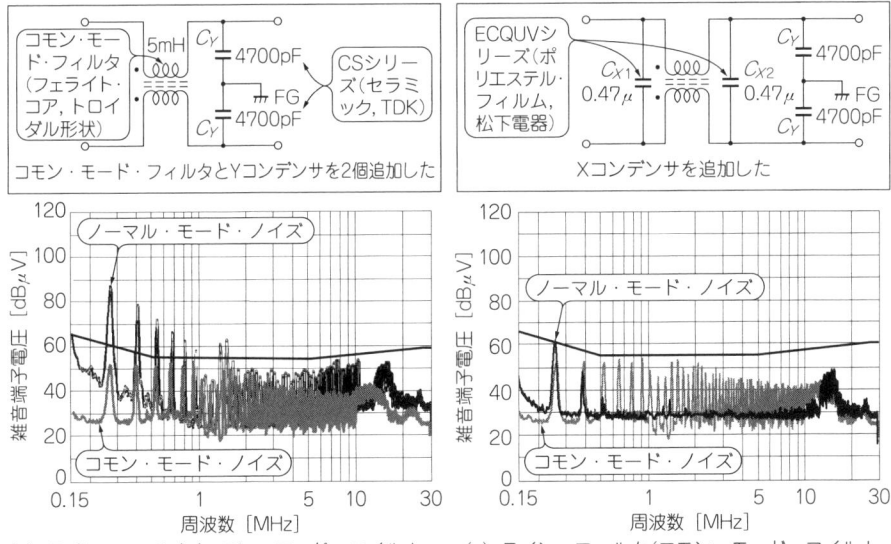

コモン・モード・フィルタとYコンデンサを2個追加した

Xコンデンサを追加した

(b) ライン・フィルタ(コモン・モード・コイル＋Yコンデンサ)を挿入したとき

(c) ライン・フィルタ(コモン・モード・コイル＋Yコンデンサ＋Xコンデンサ)を挿入したとき

部から入って来る妨害ノイズなどによって，スイッチング電源自体が誤動作したり，破損しないようにすることです．このノイズ・レベルは，各国・各地域の定める規格によって管理されています．

　AC電源ラインから入ってくるノイズには，他の電子機器が発生するノイズやサージ，(誘導)雷などの自然現象によるものもあります．各電子機器では発生するノイズの規制値と，外部から入って来るノイズやサージで誤動作したり，破損しないようにするための規格が定められています．

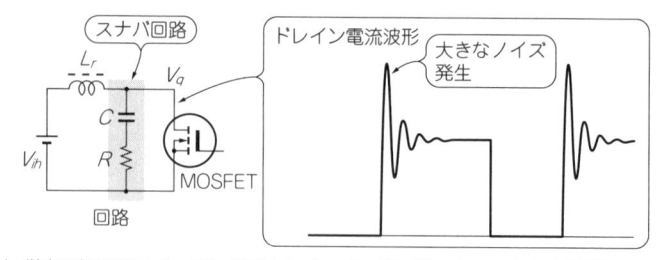

(a) 従来の矩形波スイッチングではスイッチング波形に大きなノイズが重畳している

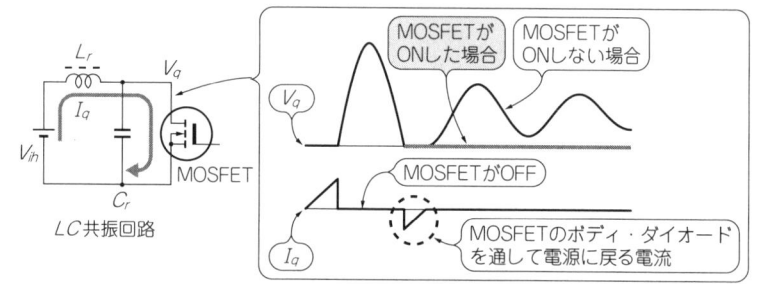

[図3-4]
矩形波スイッチングが大きなノイズ発生の要因の一つであった
スイッチングを正弦波形にすると発生ノイズを小さくすることができる

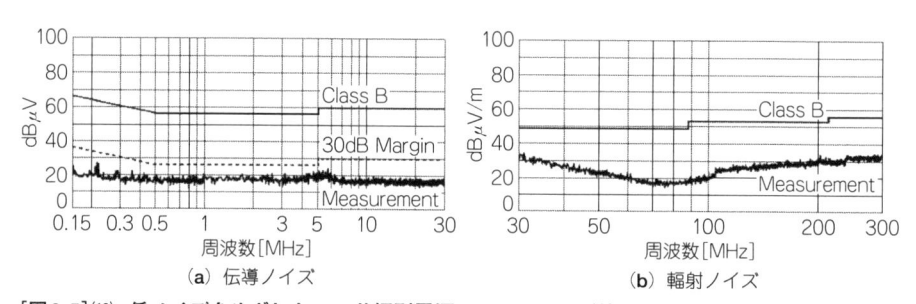

(b) LC共振を利用すると，スイッチングを正弦波形にすることができる

(a) 伝導ノイズ

(b) 輻射ノイズ

[図3-5][16] **低ノイズをめざしたLLC共振型電源におけるノイズ特性例**
入力：AC100V，出力：15V・3.3A（＝50W）電源における特性．伝導ノイズは後述するITE機器でのクラスAより40dB，クラスBより30dBノイズ・レベルの低いものが実現できている．試作品のチャンピオン・データ

● ノイズ発生を抑えた共振型スイッチング電源も増えてきた

　スイッチング電源の課題は，長いあいだノイズの発生とそれを小さくするための技術でした．近年になって回路技術の進歩により，従来にくらべて大幅に発生ノイズを抑えた回路も実用されるようになってきました．おもに共振型と呼ばれるスイッチング電源です．

(a) EBC1001の基本回路例

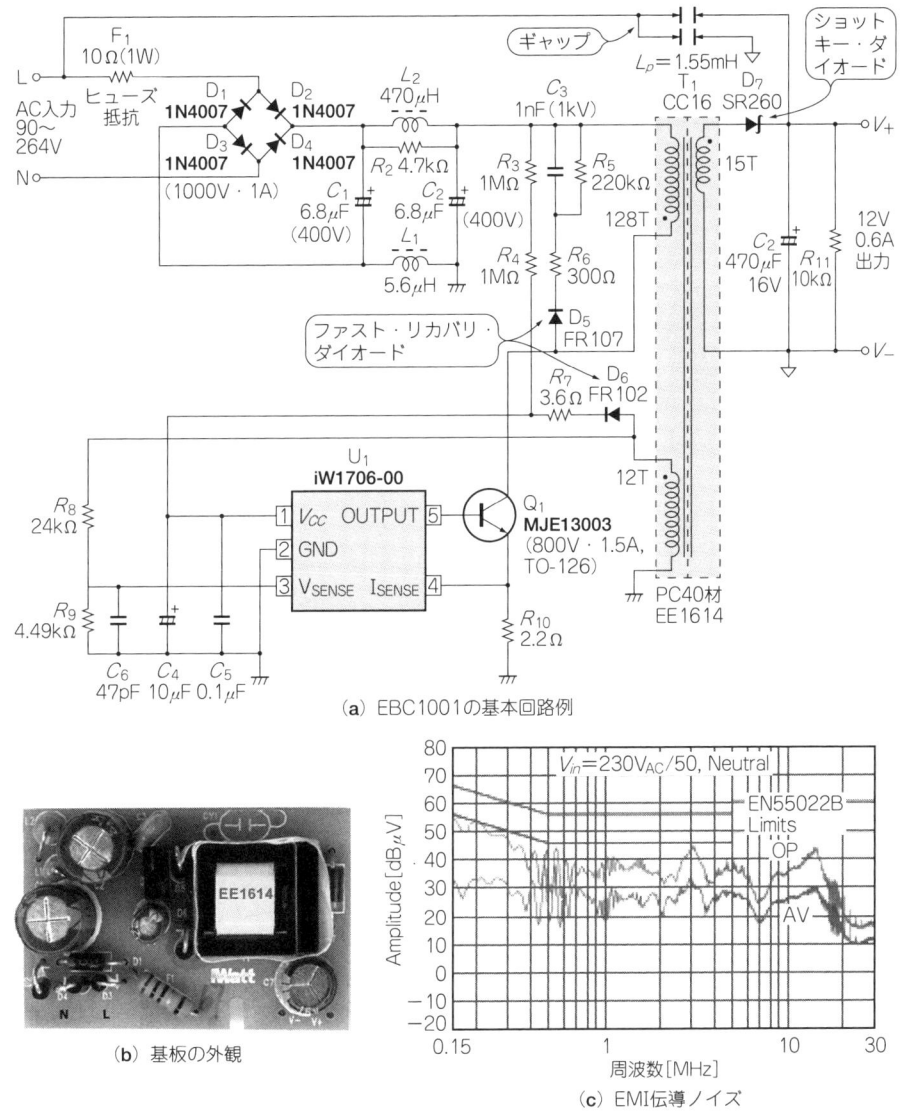

(b) 基板の外観

(c) EMI伝導ノイズ

[図3-6][17] ライン・フィルタを装備しない小容量ACアダプタ電源の例（iWatt社EBC10012より）

　スイッチング電源の発生ノイズが大きいことの理由は，**図3-4(a)**に示すように（AC電源入力後の）高電圧V_{ih}をスイッチングすることによります．そこで，図(b)に示すようにスイッチング波形の一部をLC共振させることによって，従来の**矩形**

3-1 なぜAC入力1次側にノイズEMC対策？ | 061

波スイッチングから，正弦波に近いスイッチングを実現し，本質的に発生ノイズを小さくするものです．

本スイッチング電源シリーズでは共振型スイッチング電源も広く紹介しますが，とくに近年の液晶テレビなどに採用されている200〜300W出力のLLC共振型電源においては，ドロッパ型の非スイッチング型シリーズ電源にも匹敵する**低ノイズ化**が実現されています．図3-5に，LLC共振型低ノイズ・スイッチング電源のノイズ特性の一例を示します．

なお，電源におけるスイッチング・ノイズの大きさは，スイッチング電流（出力容量）の大きさと比例します．図3-6に示すように数WオーダのACアダプタ電源などでは，とくにライン・フィルタを用意せずとも規定のノイズ・レベルをクリアする例も登場しています．

しかし出力容量の大きい電源になると，ライン・フィルタの力を借りないと規定のノイズ・レベルをクリアするのは難しくなります．もちろん，ノイズ・レベルの小さい共振型スイッチング電源を使用することで，従来にくらべるとライン・フィルタは軽微なものですませられる傾向にはなってきています．

3-2　電源＝ノイズ源搭載機器では電磁環境両立性…EMCを管理

● 国ごとの規格に準じる必要がある

電子機器では一般に，低周波から高周波にわたって「**障害を与えない／障害を受けない**」という両立性が求められます．そのためスイッチング電源を搭載する電子機器では，ノイズに関して図3-7に示すようにEMC：Electro-magnetic compatibility：電磁環境両立性と呼ばれて管理されています．EMCとは電子機器が電磁環境に与える**EMI…電磁障害**と，電磁環境から電子機器に入ってくる**EMS…電磁的感受性**：Electro-magnetic susceptibility（イミュニティ）に分けられます．

また，電子機器は互いの電磁環境両立性維持のために，それらの限度値が定められています．各国ごとに制定・運用されていたEMC規格も，IEC[*]に代表される国際調和の中で整合化が進んでいます．

電子機器は自身が発生するノイズのほかに，外部から受けるノイズで誤動作しないかという規格もあります．電子機器の出すEMIノイズの代表としては，スイッ

---

[*] IEC：International electro-technical commission，国際電気標準会議．国際規格の統一と協調を促進する目的で，電気技術に関するすべての関連事項を標準化し，IEC規格を発行し，各国の国家規格の制定に対してIEC規格に準拠するよう勧告される．現在56ヵ国が加入．日本は1953年に再加入．

		国際規格	各国規格
EMS ノイズの影響を受けないことを示す規格	CS 対伝導ノイズ	IEC61000-3-X IEC61000-4-X IEC61000-6-X IEC61204-3 CISPR11, 12, 13, 14-1 CISPR15, 16, 22など	日本：電安法, JIS, VCCI
			欧州：EN61000-X-X EN550XX
	RS 対電磁ノイズ		米国：ANSI/IEEE, MIL-STD-461Eなど
			中国：GB規格

EMC
ノイズ環境への適応性

		国際規格	各国規格
EMI ノイズを放射しないことを示す規格	CE 伝導ノイズ	IEC61000-4-X IEC61000-6-X IEC61204-3 CISPR14-2, 20, 24 など	日本：JIS, VCCI
			欧州：EN61000-X-X EN550XX
	RE 輻射ノイズ		米国：ANSI/IEEE, MIL-STD-461Eなど

EMC：Electromagnetic Compatibility…電磁環境両立性
EMI：Electromagnetic Interference…電磁障害
EMS：Electromagnetic Susceptibility…電磁的感受性
RE：Radiated Emission…空中放射，放射ノイズ
CE：Conducted Emission…伝導放射，伝導ノイズ
RS：Radiated Susceptibility…電磁界に対する感受性
CS：Conducted Susceptibility…伝導ノイズに対する感受性

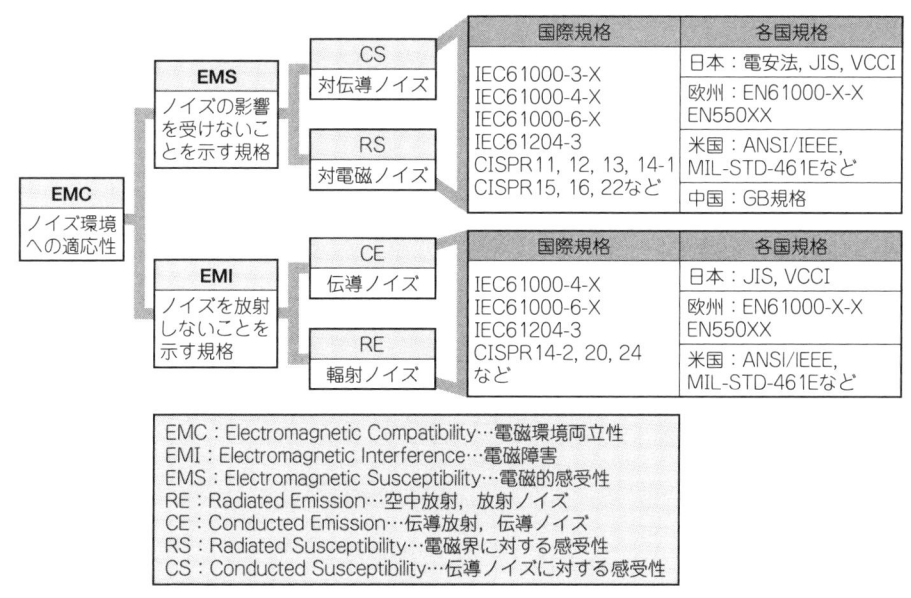

[図3-7] 各国で規制されているノイズ関連規格（EMI/EMS）の関係
ノイズ規格は軍用機器を中心にスタートし，FCC，VDE，BSIを中心に民生機器に規制が広がり，近年はIEC（国際規格）による統一が進んでいる

チング電源（を内蔵する機器）の近くに置いた**AMラジオ**にノイズが入り，放送が聞こえにくくなることがあります．

逆に電子機器が受けるノイズ EMSの例としては，違法無線送信機によってパソコンが誤動作したり，雷でパソコンが誤動作したりすることなどもあげられます．

● **電磁障害EMIは伝導ノイズ＋輻射ノイズ**

電磁障害…EMIには伝導ノイズと輻射ノイズという二つの区分けがありますが，これらは機器の種類によって適用される規格が違っています．その違いを**表3-1**に示します．規格には成り立ちによって，国際規格ができる前からその国独自で決められていた規格と，国際規格に沿って決められた規格とがあります．日本における前者の例は**電気用品安全法**，後者の例が**VCCI**：Voluntary Control Council fir Interference by Information Technology Equipment …情報処理装置等電波障害自主規制協議会などです．

図3-8に，EMIを調べるための**ノイズ測定法**（測定サイトの構成）を示します．伝導ノイズは実験室でも概略の測定が行えますが，輻射ノイズは**電波暗室**と呼ばれる

[表3-1] 機器によって異なるノイズ規格

たいていの電子機器に内蔵されているのがスイッチング電源．内蔵されているスイッチング電源の発生するノイズは，機器のノイズとして評価される．カテゴリのノイズ規格をクリアしなければならない

機器	国際規格	日本	アメリカ	EU
テレビ ラジオ オーディオ	CISPR Pub.13	電気用品安全法	FCC Part15	EN55013
VTR	CISPR Pub.13	電気用品安全法	FCC Part15	EN55013
情報技術機器 (パソコン，プリンタ，ディスプレイ) 複写機	CISPR Pub.22	VCCI	FCC Part15	EN55022
電話 ファックス	CISPR Pub.22 CCITT	VCCI	FCC Part15 FCC Part68	EN55022
無線通信機	CCIR	電気用品安全法 電波法，VCCI	FCC Part15 FCC Part68	
家庭用電気機器 ポータブル電動機器	CISPR Pub.14	電気用品安全法		EN55014
IMS機器 電子レンジ 工業用計測制御装置	CISPR Pub.11 CISPR Pub.19	電波法，VCCI 電気用品安全法	FCC Part18	EN55011
蛍光灯 調光器	CISPR Pub.15	電気用品安全法		EN55015
点火装置 (自動車／モータボート)	CISPR Pub.12	JASO (自動車規格)	SAE	EN55012

(注1) **CISPR**: Comite international special des perturbations radio-electriques，放送や無線通信への無線妨害に関する規格や測定法を国際的に統一し，国際貿易に支障のないよう各国に勧告することを行っているIECの無線障害に関する特別委員会

(注2) **VCCI**: Voluntary control council for interference by data processing equipment，情報処理装置等電波障害自主規制協議会．健全な情報化社会の発展に貢献することを目的に，会員が自主的に他の無線通信業務や電子機器に障害を与えないよう情報処理装置および電子事務機器などから発生する妨害波の自主規制する協議会

(注3) **FCC**: Federal communications commission，米連邦通信員会と訳され，米国政府使用以外の米国のすべての無線局，高周波利用設備の管理を担当し，軍用以外の電磁波障害関連の規格の制定，機器の認定を行っている

(注4) **JASO**: Japanese Automobile Standards Organization 規格，日本の自動車技術会(JSAE: Japan society of automotiv engineers)が制定する自動車関連の規格．車全般について規格化されており，電気関係も含まれている

(電波の入ってこない)空間がないと測定できません．大手メーカにおいては測定サイトを自前で用意しているところもありますが，現在では国内各地の工業技術試験所など公共の施設を利用するケースも多いようです．

　なお，図3-8に示したLISN(Line Impedance Stabilizing Network…**擬似電源回路網**)は，電子機器のAC電源コードから流出する伝導ノイズを定量的に評価するための治具のようなものです．図(c)にCISPR規格LISNの構成を示しますが，基

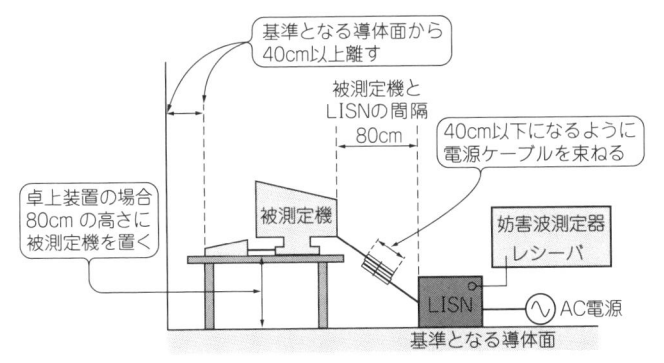

(a) 伝導ノイズの測定

伝導ノイズの測定には電子機器の電源コードから流出するノイズ・レベルを定量的に測定するためにLISN(擬似電源回路網)が必要. ノイズ・レベルはスペクトラム・アナライザによって測定する

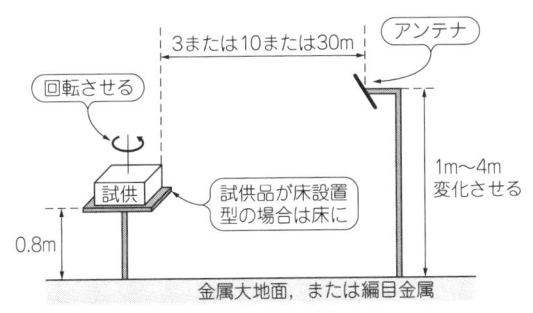

(b) 輻射ノイズの測定

輻射ノイズは規定位置に設置したアンテナ出力レベルを, スペクトラム・アナライザによって測定する. 電波暗室を備えてないと外部の放送波や雑音と区別できなくなり, 簡単には測定できない

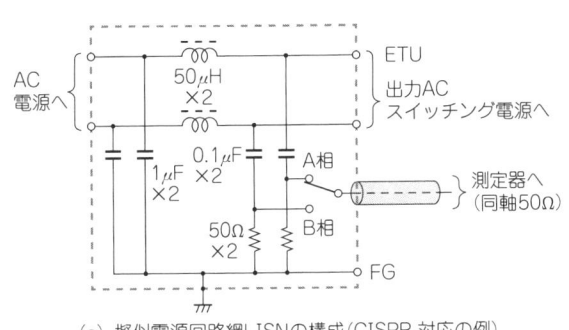

(c) 擬似電源回路網LISNの構成(CISPR対応の例)

(d) LISNの一例[協立電子工業(株) KNW-407F]

[図3-8][18] EMIの測定…測定サイトの構成

3-2 電源=ノイズ源搭載機器では電磁環境両立性…EMCを管理 | 065

[表3-2] 情報技術装置ITEにおける伝導ノイズ，輻射ノイズの規格

規格は機器を使用する場所によってクラスA，クラスBに分けられている．住宅地域で使用するクラスBのほうが厳しい規格になっている

周波数[Hz]	クラスA[dB] QP値	クラスA[dB] 平均値	クラスB[dB] QP値	クラスB[dB] 平均値
150k～500k	79	66	66～56	56～46
500k～5M	73	60	56	46
5M～30M	73	60	60	50

(a) CISPR, VCCI, FCC 伝導ノイズの許容値

(注1) 電圧許容値では $1\mu V$ を0dBとする電流許容値では $1\mu A$ を0dBとする
(注2) クラスBの許容値は150kHz～500kHzの範囲で周波数の対数に対して直線的に減少する
(注3) 準尖頭(QP)値モードにおける測定値が平均値許容値を満たす場合，その測定周波数での平均値測定は行わなくても良い
(注4) 電圧許容値と電流許容値の変換係数は $20\log 10\ 150 = 44dB$ である

周波数[Hz]	クラスA[dB] QP値 10m法	クラスA[dB] QP値 3m法	クラスB[dB] QP値 10m法	クラスB[dB] QP値 3m法
30M～230M	40	50	30	40
230M～1000M	47	57	37	47

(注1) 周波数の境界では，値の低いほうの許容値を使用する
(注2) クラスAは測定距離10mでの測定が基本であるが，運用規定に基づいて登録を行った測定距離3mの測定設備，または測定距離30mの測定設備を使用して，測定距離3m，30mで測定しても良い．この場合，測定距離3mでの許容値は上記許容値に10dB加えた値とし，測定距離30mでの許容値は，上記許容値から10dB差し引いた値とする
(注3) クラスBは測定距離10mでの測定が基本であるが，運用規定に基づいて登録を行った測定距離3mの測定設備を使用して，測定距離3mで測定しても良い．この場合は測定距離3mでの許容値は，上記許容値に10dBを加えた値とする
(注4) $1\mu V/m$ を0dBとする

(b) CISPR, VCCI, 情報技術装置の輻射ノイズ許容値

周波数[Hz]	クラスA[dB] 10m法	クラスA[dB] 3m法	クラスB[dB] 10m法	クラスB[dB] 3m法
30M～88M	40.0		39.0	
88M～216M	43.5		43.5	
216M～960M	46.0		46.4	
960M～1000M	54.0		49.5	

(c) FCC 情報技術装置の輻射ノイズ許容値

周波数[GHz]	クラスA[dB] 平均値 $\mu V/m$	クラスA[dB] 尖頭値 $\mu V/m$	クラスB[dB] 平均値 $\mu V/m$	クラスB[dB] 尖頭値 $\mu V/m$
1～3	56	76	50	70
3～6	60	80	54	74

(注1) 周波数の境界では低いほうの許容値を適用する

(d) 測定距離3mでの情報技術装置の輻射ノイズの許容値

本的にLCRによるフィルタ回路です．測定器は50Ωインピーダンスで測定しています．

　スイッチング電源は電源単体で使われることはほとんどありません(あるとすれば充電器…チャージャなど)．多くは電子機器の内部に組み込まれて使われます．そのため，たとえばコピー機の内部に使われるときはコピー機のノイズ規格として，テレビの内部に使われるときはテレビのノイズ規格が適用されることになります．機器によって多くの規格があるので，以下では，よく使われている「**情報技術装置**」(ITE：Information Technology Equipment)のカテゴリとして説明します．

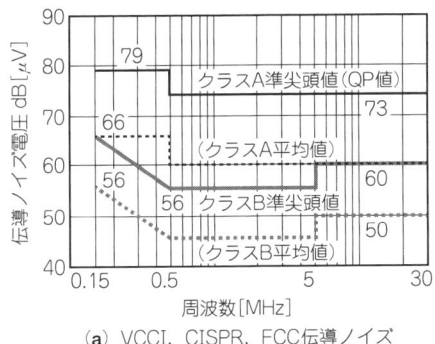

[図3-9]
各ノイズ規格の規制している周波数帯域とレベル

横軸の周波数帯域を見ると、ラジオやテレビの放送周波数帯域が規制されていることがわかる。伝導ノイズは1μVを、輻射ノイズは1μV/mを0dBとしており、ノイズ・レベルが20dB上がると10倍上がったことになる。

(a) VCCI, CISPR, FCC伝導ノイズ
(b) CISPR, VCCI輻射ノイズ
(c) FCC輻射ノイズ

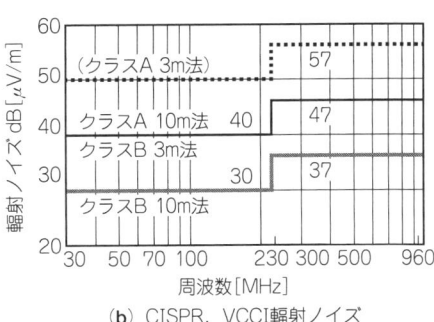

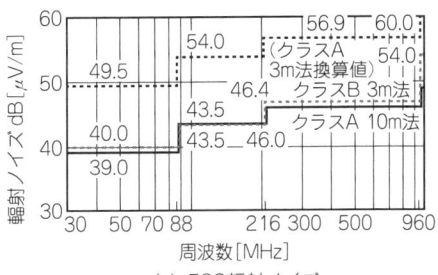

● **情報技術装置ITEにおけるノイズ規格…クラスAとクラスB**

　パソコンやプリンタなど，情報技術装置と呼ばれる機器の伝導ノイズおよび輻射ノイズの規格は，国際規格のCISPR規格，アメリカのFCC規格，日本のVCCI規格などがあります．**表3-2**にこれらの規格概要を，周波数帯域とノイズ・レベルをグラフにしたものを**図3-9**に示します．情報技術装置ITEはこの定められたレベル以下に入っている必要があります．

　なお，**表3-2**においてはクラスAとクラスBに分けられています．**クラスA**と呼ぶものは**商工業地域（業務用）**で使われる機器，**クラスB**と呼ぶものは**住宅地域（家庭用）**で使われる機器の規格です．**クラスB**は，妨害を出す電子機器の近くにラジオやテレビなどが存在する環境であるということです．ノイズによってラジオやテレビが被害を受ける環境なので，規格は厳しくなっています．

　一方，クラスAに区分される機器は工場地域で使われます．ラジオやテレビは近くにないという考えです．そのため同一事業所内や区域で使っていてノイズ障害が生じても，自分の工場で対策可能なので，規格は少しゆるくなっているのです．

　輻射ノイズの測定には，機器と測定用アンテナとの距離に関連して**3m法，10m法，30m法**などがあります．ノイズを出す電子機器からそれぞれ3mの距離，10m

[図3-10]
検波方式における準尖頭値と平均値によるレベルの違い

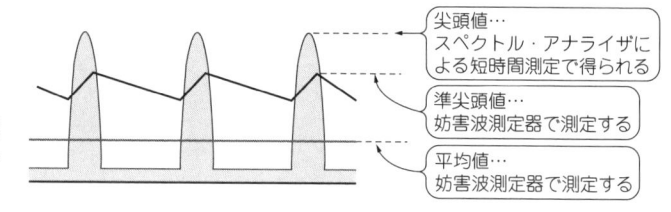

尖頭値…スペクトル・アナライザによる短時間測定で得られる
準尖頭値…妨害波測定器で測定する
平均値…妨害波測定器で測定する

の距離，30mの距離にアンテナを置いて測定するものです．クラスAで小型のものは3m法，動かせないような超大型のものは30m法で測定器を移動して測定します．この中間は10m法を使って測定します．

なお，表3-2(d)に示すように1GHz以上の周波数での測定が2010年4月から行われています．

● 伝導ノイズ・レベルの計測は準尖頭値検波による

伝導ノイズ・レベルの計測は，大きさが変化する信号なので検波した結果を計測します．検波方法には尖頭値(ピーク値)検波，平均値検波，準尖頭値検波がありますが，規格では準尖頭値検波(quasi-peak detection)…QP値で計測されます．

準尖頭値検波とは図3-10に示すように，平均値と尖頭値との間で，充電時定数と放電時定数をもった充放電回路によって定義されています．尖頭値と異なり，準尖頭値検波はパルスの頻度で値が変わります．平均値のようにパルスの頻度に比例しているわけではなく，尖頭値と平均値の中間的な値となります．これはアナログの針メータ表示型のように，ラジオ受信などへの妨害の程度と測定値のレベルがちょうど合うように，時定数などを合わせた値です．

● 電磁的感受性EMSの規格

EMS(イミュニティ)規格には下記のものがあります．

- サージ試験……雷サージ
- 放射無線周波数電磁界試験……無線機器からの放射
- ファースト・トランジェント・バースト試験……スイッチ，リレーなどのチャタリングなど
- 静電気放電試験……人体や帯電物質からの静電気放電
- 電源電圧ディップ試験……電圧ディップや瞬時停電の試験

表3-3に，そのほか規定されている国際規格IEC61000-4と，該当する日本のJIS (Japanese industrial standards)のイミュニティ試験規格を示しておきます．

[表3-3] IECおよびJISにおける主なイミュニティ試験

IEC 規格	要求試験	概要	準拠 JIS
IEC61000-4-1	イミュニティ試験の概観	電磁両立性（EMC），IEC61000-4の概観	
IEC61000-4-2	静電気放電イミュニティ試験	人体と物体が擦れ合うことにより発生する電気が帯電し，電気・電子機器に放電することにより，電気機器が影響を受けることを仮定した試験	JIS C 61000-4-2
IEC61000-4-3	放射無線周波数電磁界イミュニティ試験	高周波電磁界，意図的・非意図的な放射を電気・電子機器が受けた場合の影響を仮定した試験	JIS C 61000-4-3
IEC61000-4-4	ファースト・トランジェント・バースト・イミュニティ試験	リレー接点などにより発生されたノイズが，電気・電子機器に与える影響を仮定した試験	JIS C 61000-4-4
IEC61000-4-5	雷サージ・イミュニティ試験	スイッチングおよび雷サージの影響で，電気・電子機器の電力線・信号線および通信線への侵入を仮定した試験	JIS C 61000-4-5
IEC61000-4-6	無線周波電磁界によって誘導される伝導性妨害に対するイミュニティ試験	電気・電子機器の電力線，信号線などが意図的，非意図的な放射を受けた場合の影響を仮定した試験	JIS C 61000-4-6
IEC61000-4-8	商用周波数磁界イミュニティ試験	商用周波数の磁界の中で電気・電子機器の影響を仮定した試験	JIS C 61000-4-8
IEC61000-4-9	パルス磁界イミュニティ試験	パルスの磁界の中で電気・電子機器の影響を仮定した試験	
IEC61000-4-10	減衰振動磁界イミュニティ試験	減衰振動波の磁界の中で電気・電子機器の影響を仮定した試験	
IEC61000-4-11	電圧低下，一時的しゃ断，および電圧変動イミュニティ試験	電気・電子機器の電源電圧の電圧低下，一時的しゃ断，および電圧変動での影響を仮定した試験	JIS C 61000-4-11

3-3　ライン・フィルタの役割と設計

● ノイズには二つのモード…ノーマル・モードとコモン・モードがある

　スイッチング電源における実際のノイズ発生源は，図3-1に示したようにスイッチングする素子です．具体的にはMOSFET，トランジスタ，サイリスタ，IGBT，ダイオードなどで，これらから発生するノイズは数十kHz〜数MHzにおよぶ高周波であるため，これらにつながる**磁気回路部品**…コイル，トランスを経由して磁気的に結合したり，部品の配置・配線と**分布容量**（浮遊容量，迷容量ともいう）を経由して**伝導ノイズ**になったり，**輻射ノイズ**になったりします．

　さらに電源線や信号線，負荷線などを伝わった伝導ノイズがそこをアンテナにして輻射ノイズへと変化したり，輻射ノイズが入力線に起電圧を発生し伝導ノイズに

Column (3)

電源回路設計では電流プローブの使用が欠かせない

　電子回路の設計では，回路の実験・評価などにおいて波形測定の道具としてオシロスコープが常用されます．電子回路の動作を，使用している部品各部の電圧変化として，時間軸に沿って測定するものです．多くの場合は，電圧波形の変化を眺める…オシロスコープ付属の電圧プローブの使用によって，期待通りの動作になっているかどうかを確認することができます．

　ところが電源回路設計においては，電圧の変化だけでなく**電流の変化**をどうしても知りたくなるケースがあります．**図3-A**に示すような回路では，動作に影響が現れないほどの微小抵抗R_sを挿入して，R_s両端の電圧変化を観測することで電流の変化を推測することは可能です．しかし，0V電位以外への枝路を流れる電流の測定になると，波形の推測はむずかしくなります．そんなとき使用するのが，電流プローブと呼ばれるものです．

　写真3-Aに代表的な電流プローブの一例を示します．電流の流れる枝路の電線をクランプすることにより，（線路を切断することなく）流れる電流の波形を測定することができるので，**クランプ型電流プローブ**と呼ばれています．スイッチング電源の実験や測定において欠かせないツールともいえます．ただしスイッチング電流波形などの測定を行うので，**直流～数MHzにわたる周波数帯域**が必要であり，低価格化が進む測定器のなかでは，価格が相当高く感じる道具でもあります．

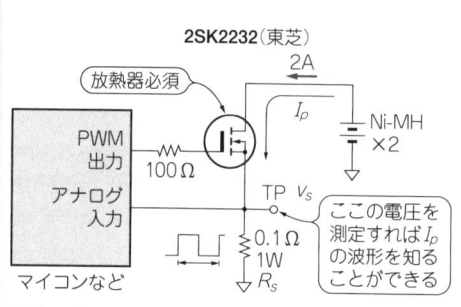

[図3-A]
電圧波形から電流波形を推測できる回路
R_sの電圧降下を観測することで，測定電圧$v_s/R_s = i_s$という電流波形を推測することができる

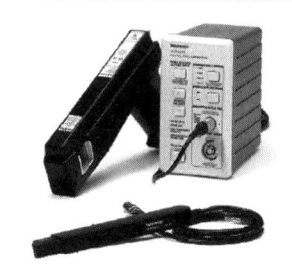

[写真3-A][19]
クランプするだけで電流波形を測定できる電流プローブの例
電流プローブはホール素子＋磁気回路＋増幅回路で構成されるため，プローブには電子回路が付属している．便利だが高価なのが難

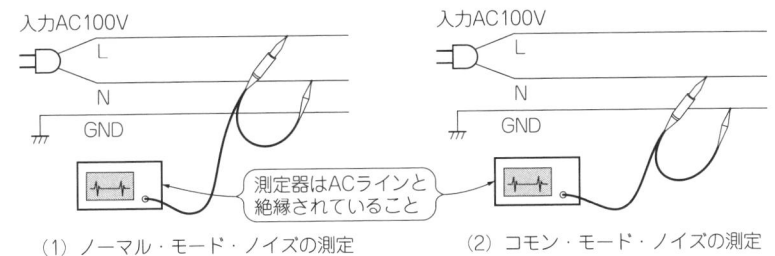

(1) ノーマル・モード・ノイズの測定　　(2) コモン・モード・ノイズの測定

測定器はACラインと絶縁されていること

(a) 伝導ノイズ二つのモード

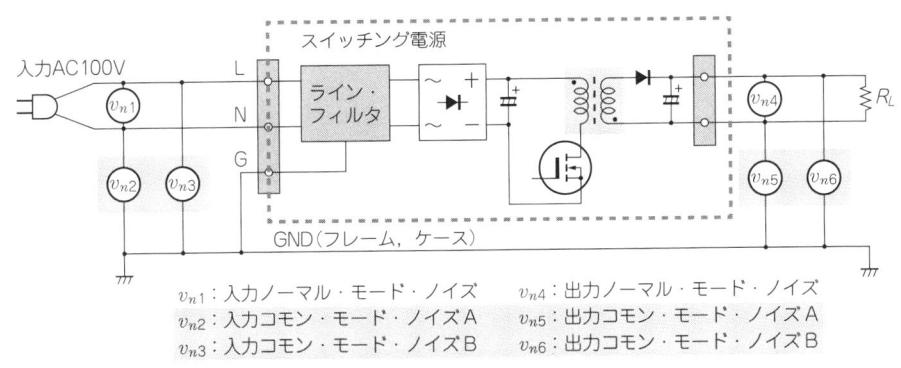

v_{n1}：入力ノーマル・モード・ノイズ　　v_{n4}：出力ノーマル・モード・ノイズ
v_{n2}：入力コモン・モード・ノイズA　　v_{n5}：出力コモン・モード・ノイズA
v_{n3}：入力コモン・モード・ノイズB　　v_{n6}：出力コモン・モード・ノイズB

(b) 伝導ノイズの分布のしかた

[図3-11] **スイッチング電源における伝導ノイズ**
ACラインに直接伝わるノイズは伝導ノイズと呼ばれるが，2本の線間に乗るのがノーマル・モード・ノイズ．各線とグラウンド間に乗るのがコモン・モード・ノイズ．

なったりします．場合によっては，アース線をへて伝導ノイズとして伝わることもあります．大容量スイッチング電源になると，輻射ノイズのレベルも大きくなります．

伝導ノイズは，図3-11に示すように二つのモードに分けると理解しやすくなります．AC電源ラインのペア線の間に乗る**ノーマル・モード・ノイズ**［Normal mode noise，あるいはディファレンシャル・モード・ノイズ（Differential mode noise）］と，AC電源ライン線とグラウンド間に乗る**コモン・モード・ノイズ**（Common mode noise）です．グラウンドは装置の**フレーム・ケース**であったり，大きな装置では盤の架台であったりします．

ライン・フィルタは別名，ノイズ・フィルタ，EMIフィルタとも呼ばれます．ライン・フィルタはノイズが集まってくるところなので，配置が重要です．図3-12に示すように，AC電源ラインとスイッチング電源との間で最短に接続します．間違っても図(b)のように小信号（とくにアナログ）回路の近くを経由させては

(a) ノイズ対策の考えられた配置

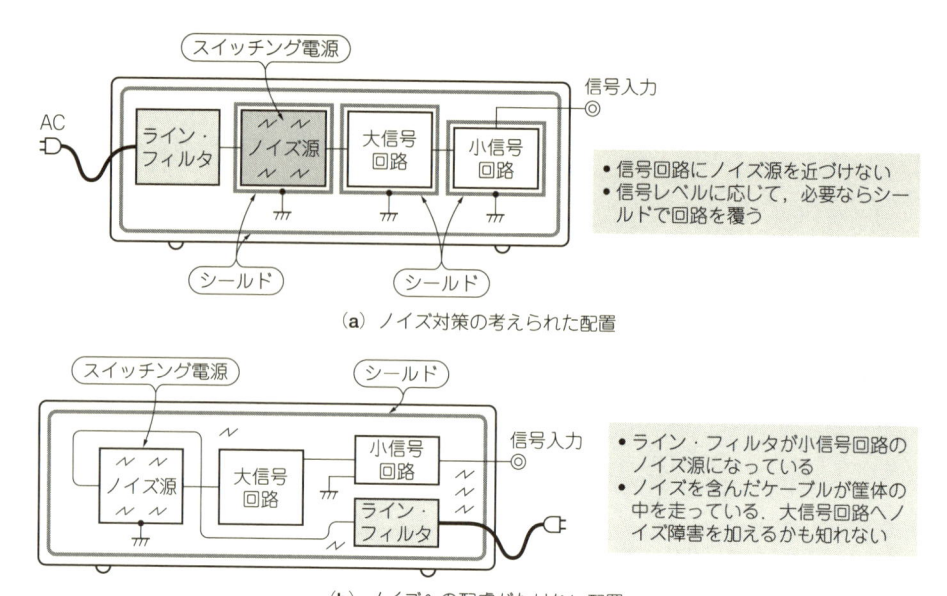

(b) ノイズへの配慮がたりない配置

[図3-12] ライン・フィルタを配置する場所がとても重要
ノイズ成分が集まってきているところなので，小信号回路の近くに配置してはいけない．一般の電子回路とスイッチング電源回路が同じケース内に置かれるようなときは細心の注意が必要になる

いけません．商用AC電流成分に対する減衰は小さくして損失がなく，高周波ノイズ成分だけをできるだけ減衰させ，AC電源ラインから外に伝導するノイズを防止するのが役わりです．

● **ライン・フィルタ 動作のあらまし**

　スイッチング電源に限らず，AC電源入力部に使用する一般的なライン・フィルタは，図3-13に示すようにコイルとコンデンサ…LCによるロー・パス・フィルタ構成になっています．コモン・モード・ノイズは，コモン・モード・コイル(L_{c1}, L_{c2})とYコンデンサ(C_{y1}, C_{y2})とを使って減衰させます．ノーマル・モード・ノイズは，ノーマル・モード・コイル(L_{n1}, L_{n2})とXコンデンサ(C_{x1}, C_{x2})を使って減衰させます．Yコンデンサの効果，Xコンデンサの効果は先に示した図3-3の例をご覧になるとわかると思います．

　Yコンデンサはライン・バイパス・コンデンサ，Xコンデンサはアクロス・ザ・ライン・コンデンサとも呼ばれ，いずれもAC電源ラインに使用するものなので，安全規格に準拠したものから選ぶことになります．

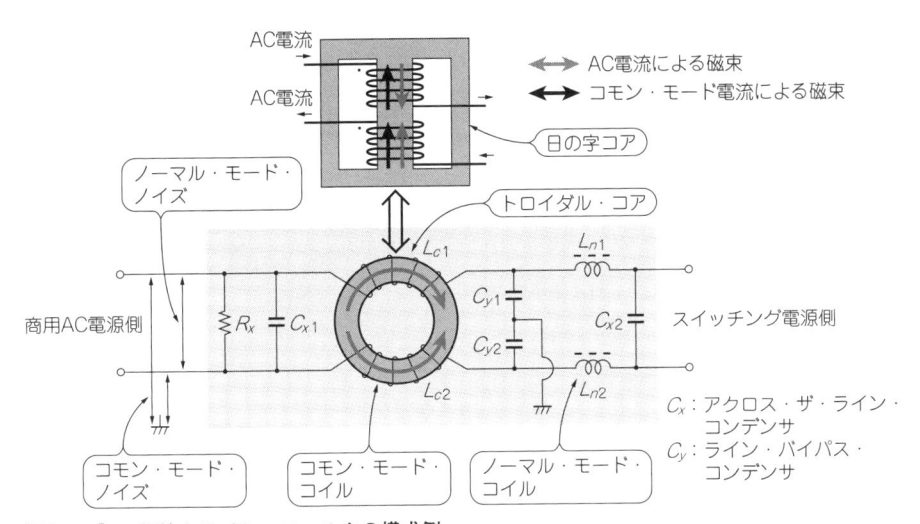

[図3-13] 一般的なライン・フィルタの構成例
コモン・モード・コイルとX/YコンデンサによるLCフィルタ．コモン・モード・コイルにはトロイダル・コアあるいは日の字コアが使用されている．C_{x1}に並列の抵抗R_xは，ACコンセントから電源ケーブルを外したとき，C_xに充電されていた電荷によって感電することを防ぐための配慮

なお，コモン・モード・コイルにおけるコアには**トロイダル・コア**と，(俗に)**日の字コア**と呼ばれる形状がよく使用されています．どちらもAC電源から流れる往きと復りの電流…商用周波数が**一つの磁路を通過**することで，発生する磁束がほぼキャンセルするように巻かれています．結果，ノーマル・モードに対するインダクタンスは打ち消しあって非常に小さくなり，しかしコモン・モード・ノイズに対しては磁束が加算されて，大きなインダクタンスとしては働くように巻かれています．

したがって，接続するYコンデンサの値を大きくすると，*LCフィルタ*としての働きでコモン・モード・ノイズを大きく減衰させることができます．しかし，Yコンデンサにはラインから**グラウンドへの漏れ電流**が流れるので，安全上の問題から値を大きくすることには限界があります．あまり大きくすることはできません．

Xコンデンサは，Yコンデンサに比べると容量を大きくすることが可能です．とはいえ，容量が大きいとコンセントを抜いた後でもXコンデンサに電荷が残って，感電の危険が出てきます．ふつうは一定時間内に放電するように**放電抵抗R_x**が付いています．

部品メーカからは，**写真3-1**に示すようにコイルとコンデンサとを組み合わせて収納し，**安全規格を取得した汎用ライン・フィルタ**も用意されていますが，組み込み用スイッチング電源においては，AC入力部の設計においてディスクリート部品

3-3 ライン・フィルタの役割と設計 | 073

[写真3-1][20]
汎用ライン・フィルタの一例［NECトーキン(株)］
ライン・フィルタは商用ACラインにおけるEMI抑制目的に，スイッチング電源用途以外にも広く利用されている．コモン・モード・インダクタンスの大きさと周波数特性，電流容量の大小によって多くのラインナップがある

で一緒に組み込んでしまうのが一般的です．

● コモン・モード・インダクタンスを大きくしたい

　スイッチング電源におけるライン・フィルタの設計ポイントは，コモン・モードに現れるノイズを減衰させることですから，コモン・モード・コイルの選択が支配的です．回路はLCフィルタを構成するわけですが，Yコンデンサの容量は漏れ電流の都合から一定以上には大きくすることはできません．コモン・モード・ノイズの除去を高めるには，どうしても大きなコモン・モード・インダクタンスが必要になります．

　一般に大電流機器ほどノイズ発生が大きくなりますが，大電流に対応するには，コイル巻き線径の関係からコア・サイズも大きくなりがちです．しかし，時代は小型化を要請しています．

　コイルは，市販の汎用コイルから選択することができます．写真3-2に代表的なコモン・モード・コイルの一例を示します．コモン・モード・コイルの二つの巻き線は，AC入力電流に対しては磁束がキャンセルされる向きに巻き線してあるので，磁気飽和しにくく大きなインダクタンスになるよう作られています．

　コモン・モード・コイルは図3-14に示すように，トロイダル・コアと呼ばれるリング状コアに二つの巻き線を巻いたタイプと，日の字コアと呼ばれる二つの巻き線を巻いたタイプがあります．いずれも**切れ目なし閉磁路一体形コア**なので，漏れ磁束の少ないコイルを構成できることが特徴です．しかし，そのぶんコイルの巻き線は容易ではありません．とくにトロイダル・コアは，手巻きであっても機械巻きであっても巻き線に手間がかかります．そのため近年は，(大電流でないところには)日の字コア＋回転ボビンによって電線を巻いたものが多くなっています．

(a) トロイダル・コアによるコイル

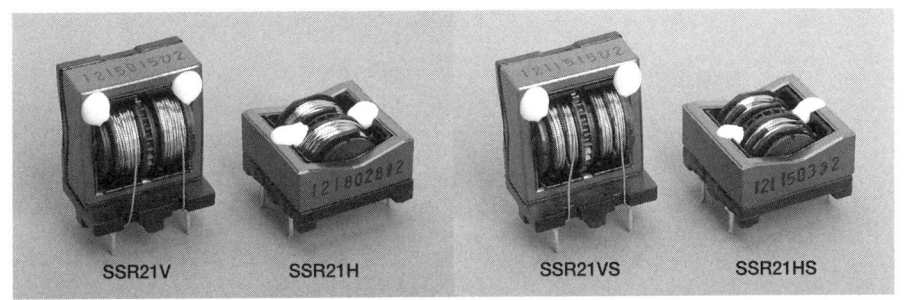

(b) 日の字コア・高インピーダンス型　　(c) 日の字コア・分割ボビンによる広帯域型

[写真3-2][20] 汎用コモン・モード・コイルの一例[NECトーキン（株）]

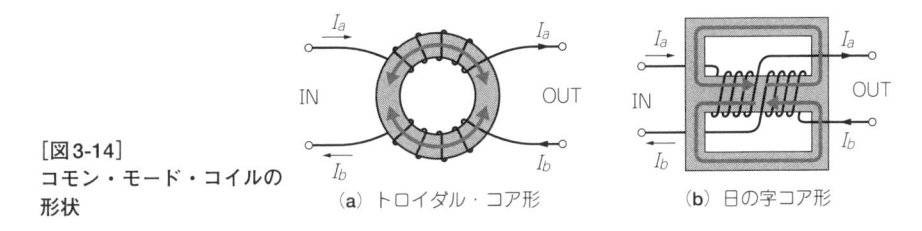

[図3-14]
コモン・モード・コイルの形状

(a) トロイダル・コア形　　(b) 日の字コア形

● 製造コストを改善した閉磁路コア…日の字コア

　トロイダル・コアは構造が簡単，しかも完全な閉磁路なので，漏れ磁束が非常に小さくできることが特徴です．ボビンがなくともコアに直接巻き線できるし，ターン数が少なければ手巻きも可能というものですが，最大の欠点は機械による自動化がなかなか行えず，コストがかさんでしまうことでした．このネックを改善したのが日の字コアと回転ボビンの組み合わせです．

　写真3-3に日の字コアと巻き線用回転ボビンを示します．回転ボビンは，はじめ二つに分かれていますが，コアの中柱を囲うように装着されるとカチッと一体化し

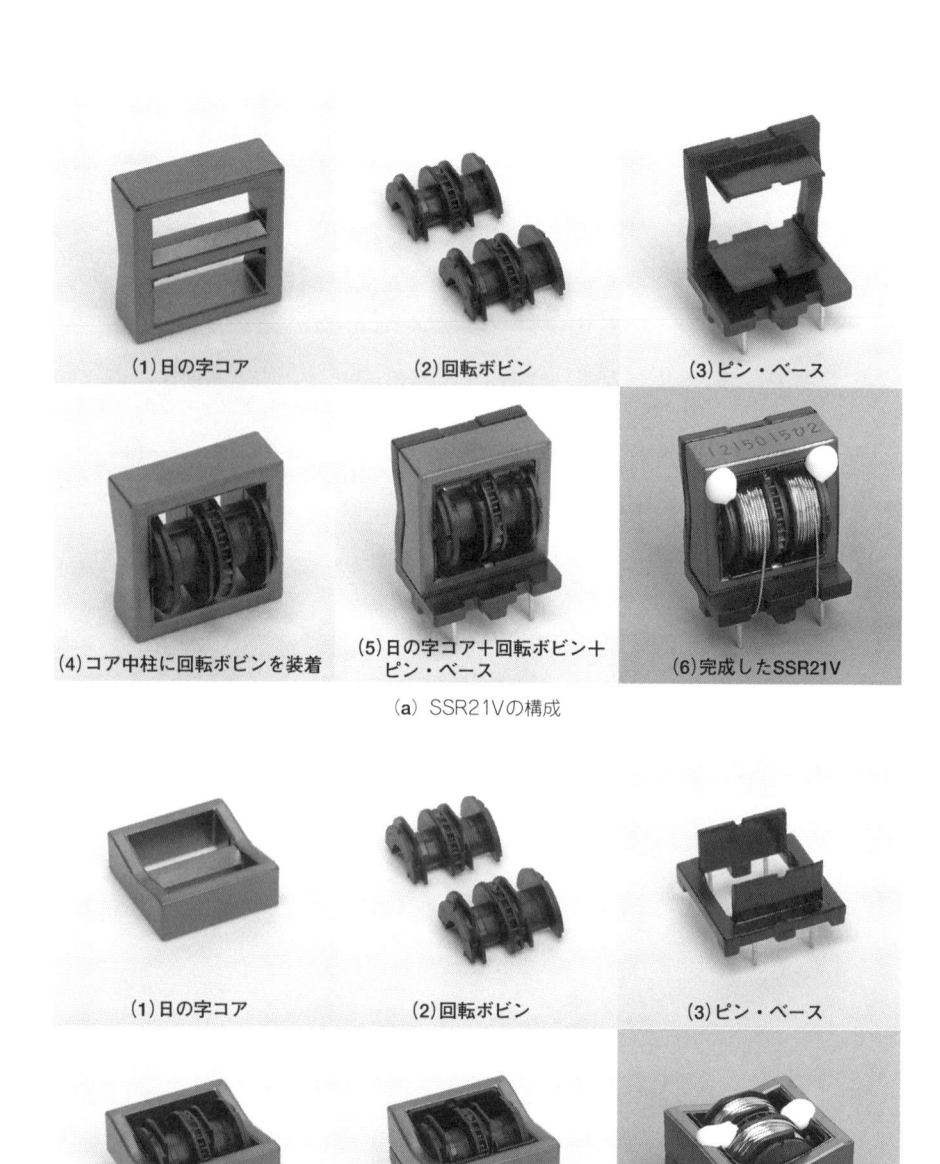

(1) 日の字コア　　(2) 回転ボビン　　(3) ピン・ベース

(4) コア中柱に回転ボビンを装着　(5) 日の字コア＋回転ボビン＋ピン・ベース　(6) 完成したSSR21V

(a) SSR21Vの構成

(1) 日の字コア　　(2) 回転ボビン　　(3) ピン・ベース

(4) コア中柱に回転ボビンを装着　(5) 日の字コア＋回転ボビン＋ピン・ベース　(6) 完成したSSR21H

(b) SSR21Hの構成

[写真3-3] 日の字コアによるコモン・モード・コイルの構造［写真提供　NECトーキン(株)］

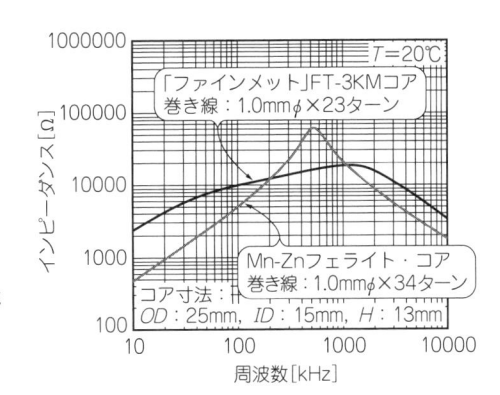

[図3-15][(21)]
Mn-Znフェライトとファインメットによるコモン・モード・コイルのインピーダンス特性
[日立金属(株)]
8mH(@100kHz)コイルのインピーダンス特性を比較したもの

　ます．ボビンにはギアのような刻みが付いていて，巻き線機がこの刻みを操作してボビンを回転させます．操作するときボビンに巻き線を添わせておくと，任意の巻き線が可能になるわけです．巻き線が終了すると，回転ボビンとコアとの間には接着材が塗布されて完成です．

　トロイダル・コアも日の字コアも，どちらもコモン・モード・インダクタンスを大きくとりたいので，ギャップがなくて**透磁率の高い**Mn-Znフェライトが使われています．日の字コアはほぼコモン・モード・コイル専用なので，コアそのものは市販されていません．

　なお，大型・大容量機器では低い周波数帯域でのインピーダンス特性をかせぐ目的で，Mn-Znフェライトではなく，**ファインメット**[日立金属(株)]と呼ばれる高透磁率材によるコモン・モード・コイルも使用されるようになってきました．参考までに図3-15に，Mn-Znフェライトとファインメット・コアを使用したコモン・モード・コイルのインピーダンス特性例をしておきます．こちらはトロイダル形コアです．

● 周波数特性改善のための分割ボビンも

　トロイダル・コアも日の字コアも，インダクタンスを大きくしようとして巻き線を多くすると，巻き線による**分布容量**(静電容量)が大きくなります．結果，インダクタとしての周波数特性を高域までのばすことができません．周波数特性を改善するために，日の字コアを使用したコイルでは，巻き線するとき分割ボビンと呼ばれるタイプが使用されるようになってきました．図3-16に日の字コアにおける一般的なボビンによる巻き線と，分割ボビンによる巻きの違いを示します．分割ボビンを使用することで巻き線間の分布容量を小さくすることができ，高周波特性が改善

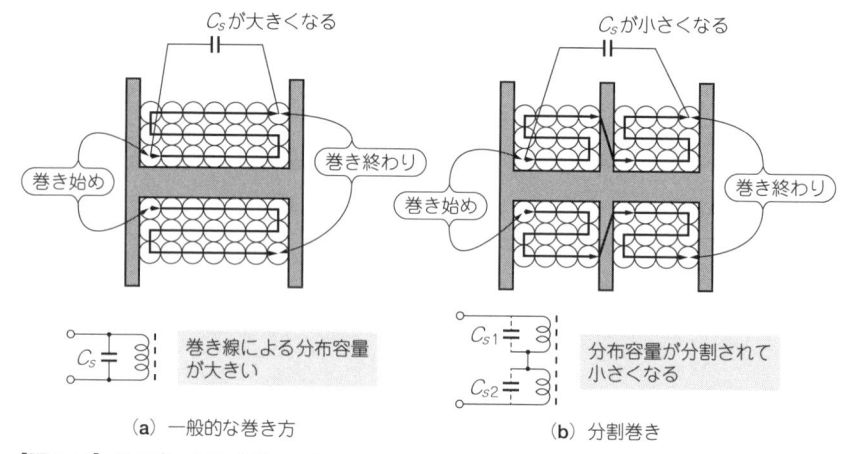

[図3-16] 日の字コアによるコモン・モード・コイルの巻き線
一般的な巻き線法でインダクタンスをかせごうとすると巻き数が多くなり，分布容量も大きくなってしまう．分割ボビンを使用して巻き線を分割すると，分布容量も分割されてしまうので，トータルの分布容量を小さくすることができる

(a) 一般的な巻き方：C_sが大きくなる，巻き線による分布容量が大きい
(b) 分割巻き：C_sが小さくなる，分布容量が分割されて小さくなる

できます．

　表3-4に日の字コアによる汎用コモン・モード・コイルの特性を示します．分割ボビンを使用しないSSR21V/Hシリーズは約150kHz以下であれば高インピーダンス特性を示していますが，分割ボビンを使用しているSSR21VS/HSシリーズは300kHzくらいまで高インピーダンス特性を維持していることがわかります．コイルはスイッチング電源の基本発振周波数との兼ね合いで選択します．

　なお，コモン・モード・コイルを選ぶときの**電流容量**I_fは以下の計算から求めます．

　電流容量I_fは，P_{out}：最大電力，η：電源の効率，PF：電源の入力力率，V_{acmin}：最低入力電圧とすると，

$$I_f = \frac{P_{out}}{V_{acmin}} \cdot \frac{1}{\eta} \cdot \frac{1}{PF}$$

で計算し，温度などのディレーティングをとって決めます．

● 漏れインダクタンスをノーマル・モード・コイルに利用する

　一般的なライン・フィルタの構成として先の図3-13では，コモン・モード・コイルとノーマル・モード・コイルを別々に示しています．ところがコモン・モード・コイルは見方を変えると，図3-17に示すような二つの等価回路をもっていて，ノーマル・モードに対してわずかですが**漏れインダクタンス**を持っているのです．

[表3-4][20] 日の字コアによるコモン・モード・コイルの例[NECトーキン(株), SSR21V/HおよびSSR21VS/HS]

(a) 高インピーダンス型

品名	定格電流 AC(A)	インダクタンス (mH) min.	直流抵抗 (Ω/line) max.	線径 (mmφ)
SSR21V/H-031550	0.3	155	3.4	0.2
SSR21V/H-041100	0.4	110	2.2	0.23
SSR21V/H-05680	0.5	68	1.4	0.25
SSR21V/H-06425	0.6	42.5	0.89	0.28
SSR21V/H-07350	0.7	35	0.7	0.3
SSR21V/H-08280	0.8	28	0.54	0.32
SSR21V/H-10215	1.0	21.5	0.41	0.35
SSR21V/H-12150	1.2	15	0.32	0.37
SSR21V/H-13120	1.3	12	0.24	0.4
SSR21V/H-15083	1.5	8.3	0.16	0.45
SSR21V/H-20055	2.0	5.5	0.11	0.5

(注)温度上昇はいずれも 45(K) max.

(b) 広帯域型

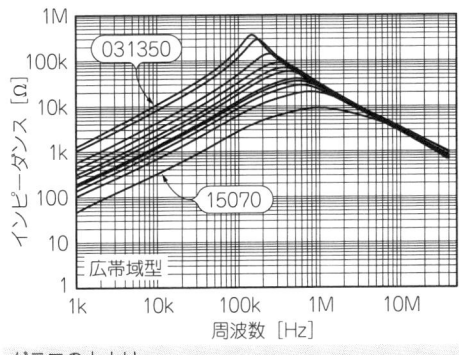

品名	定格電流 AC(A)	インダクタンス (mH) min.	直流抵抗 (Ω/line) max.	線径 (mmφ)
SSR21VS/HS-031350	0.3	135	3.3	0.2
SSR21VS/HS-04930	0.4	93	2.1	0.23
SSR21VS/HS-05490	0.5	49	1.2	0.25
SSR21VS/HS-06330	0.6	33	0.83	0.28
SSR21VS/HS-07245	0.7	24.5	0.59	0.3
SSR21VS/HS-08200	0.8	20	0.48	0.32
SSR21VS/HS-10140	1.0	14	0.33	0.35
SSR21VS/HS-12115	1.2	11.5	0.27	0.37
SSR21VS/HS-13095	1.3	9.5	0.22	0.4
SSR21VS/HS-15070	1.5	7	0.15	0.45
SSR21VS/HS-20029	2.0	2.9	0.1	0.5

(注)温度上昇はいずれも 45(K) max.

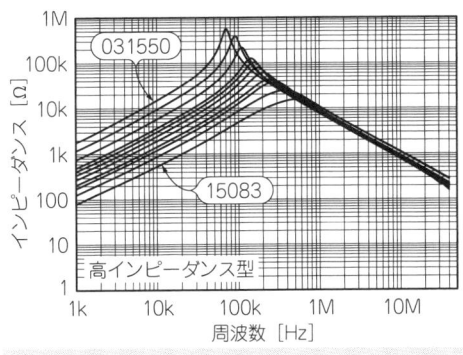

(c) 高インピーダンス型のインピーダンス特性

グラフの上より
SSR21H-031550 SSR21H-041100 SSR21H-05680
SSR21H-06425   SSR21H-07350   SSR21H-08280
SSR21H-10215   SSR21H-12150   SSR21H-13120
SSR21H-15083   SSR21H-20055   の順

(d) 広帯域型のインピーダンス特性

グラフの上より
SSR21HS-031350 SSR21HS-04930 SSR21HS-05490
SSR21HS-06330   SSR21HS-07245 SSR21HS-08200
SSR21HS-10140   SSR21HS-12115 SSR21HS-13095
SSR21HS-15070   SSR21HS-20029   の順

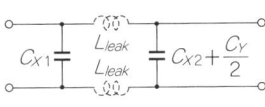

[図3-17] コモン・モード・フィルタの等価回路

(a) ノーマル・モード信号に対する等価回路

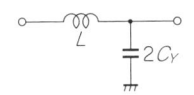

(b) コモン・モード信号に対する等価回路

3-3 ライン・フィルタの役割と設計

Column (4)
巻き線の分布容量

インダクタ…コイルにおける巻き線の分布容量は図3-Bに示すように，内部1ターンあたりの分布容量C_sがいくつもあって，これが全部加算された形で効いてきます．

コイル全体で一つにまとめた等価分布容量をC_{eq}とすると，巻き線によって生じる分布容量C_sは，巻き数比の2乗に比例して等価分布容量に出てくるので，2ターンをまたいだ分布容量は1ターンのときの4倍の効果があり，nターンをまたいだ分布容量は1ターンのときのn^2倍の効果があります．

1ターンの等価分布容量C_{eq}は，

$$C_{eq} = \left(\frac{1}{N}\right)^2 \cdot C_s$$

nターンまたいだときの等価浮遊容量C_{eq}は，

$$C_{eq} = \left(\frac{n}{N}\right)^2 \cdot C_s$$

となります．

コモン・モード・コイルでは，この等価分布容量C_{eq}が小さいほど浮遊容量を通ってバイパスしてしまう高周波ノイズが減り，コモン・モード・コイルとしての効果が良くなります．同様にスイッチング電源の絶縁トランスにおいては，むだな電

[図3-18]
漏れインダクタを意識したコモン・モード・コイルの等価回路

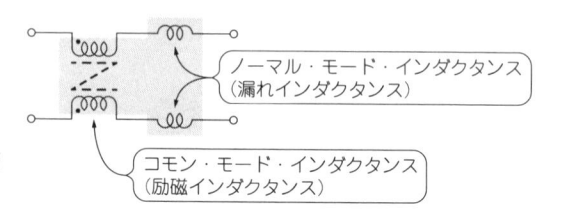

（ノーマル・モード・インダクタンス（漏れインダクタンス））
（コモン・モード・インダクタンス（励磁インダクタンス））

そこで，この漏れインダクタンスをすなおにインダクタと考えれば，ノーマル・モード・コイルとして機能させることができそうです．つまりコモン・モード・コイルは図3-18に示す等価回路になるので，これはノーマル・モード・コイルを合体したコイルと見なして使用できるのです．

図3-19は，表3-4に示したコモン・モード・コイルにおいて，実際どの程度の漏れインダクタンス…ノーマル・モードのインピーダンス分が存在するかを測定した例です．コモン・モード・インダクタンスに対して数％の(漏れ)インダクタンス分を持っていることがわかります．ですから，このようなコモン・モード・コイルであれば図3-18のような等価回路のコイルであると見なして使用することが可能に

荷を蓄積する分布容量（浮遊容量）が減るので損失が少なくなります．言い方を変えると，多くのターン数をまたいだ分布容量は1ターンの分布容量にくらべて影響がn^2で効いてくるので，多くのターン数をまたいだ分布容量を少なくする巻き方が必要になるわけです．

この分布容量を少なくする巻き方の一つとして，図3-16に示したような分割ボビンを使ったコモン・モード・コイルの例があります．分割してないボビンのコイルにくらべると等価浮遊容量が減り，高周波ノイズの減衰が大きくなります．ただし，分割ボビンでは**セパレータのために最大巻き数が減る**のでインダクタンスはやや小さくなり，低周波に対するノイズ除去についてはすこし悪くなります．

$$C_{eq} = \left(\frac{1}{N}\right)^2 \cdot C_{s1}$$

（a）1ターンの等価分布容量

$$C_{eq} = \left(\frac{n}{N}\right)^2 \cdot C_{sn}$$

（b）nターンまたいだときの等価分布容量

[図3-B]　巻き線における分布容量

（a）分割ボビンによらない高インピーダンス型

グラフの上より
SSR21H-031550　SSR21H-041100
SSR21H-05680　　SSR21H-06425
SSR21H-07350　　SSR21H-08280
SSR21H-10215　　SSR21H-12150
SSR21H-13120　　SSR21H-15083
SSR21H-20055　　の順

（b）分割ボビンによる広帯域型

グラフの上より
SSR21HS-031350　SSR21HS-04930
SSR21HS-05490　　SSR21HS-06330
SSR21HS-07245　　SSR21HS-08200
SSR21HS-10140　　SSR21HS-12115
SSR21HS-13095　　SSR21HS-15070
SSR21HS-20029　　の順

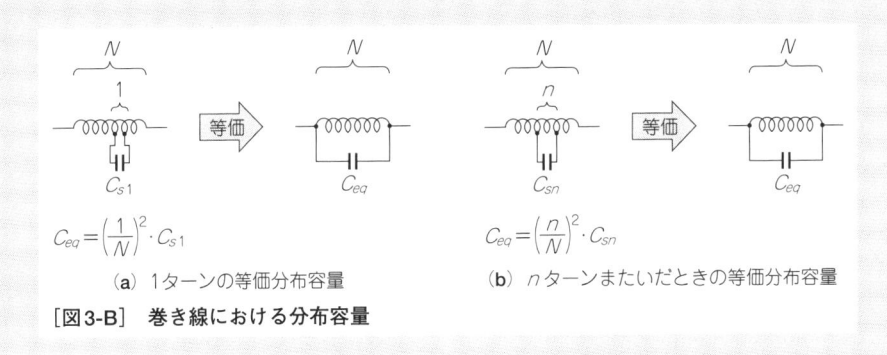

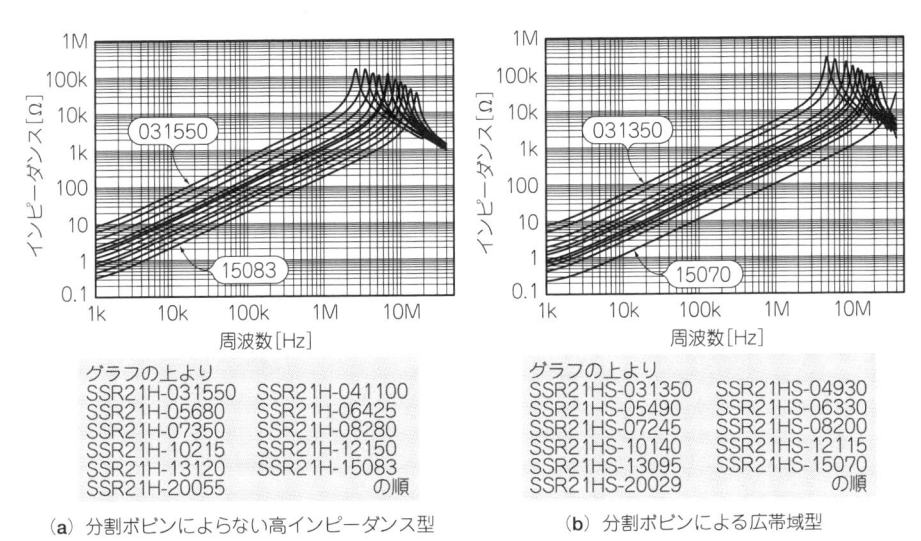

[図3-19]　表3-4で示したコモン・モード・コイルのノーマル・モード・インピーダンス特性

3-3　ライン・フィルタの役割と設計　**081**

なります．

　図3-20に示すのは，実際にノーマル・モード・インダクタンス分を管理しているコモン・モード・コイル…メーカによっては**ハイブリッド・コイル**あるいは**デュアル・モード・コイル**と呼ばれている製品例です．このようなコイルを使用することで，200Wクラス以下の(共振型)小容量スイッチング電源においては，あえて新たなノーマル・モード・コイルを使用しないですみます．

　また，先に**写真**3-1で一般的なライン・フィルタを紹介していますが，じつはこのライン・フィルタにおいても**図**3-21に示すような減衰特性が示されており，実質的には一つのコイルでコモン・モード・コイルとノーマル・モード・コイルを実現していることがうかがえます．

品番	定格電流 (A)	コモン・モード・ インダクタンス (mH)	ノーマル・モード・ インダクタンス (μH)
PLY10AN9012R0R2	2.0	0.9	65
PLY10AN1121R8R2	1.8	1.1	90
PLY10AN1521R6R2	1.6	1.5	110
PLY10AN2121R4R2	1.4	2.1	150
PLY10AN2821R2R2	1.2	2.8	190
PLY10AN4321R0R2	1.0	4.3	300
PLY10AN6220R8R2	0.8	6.2	400
PLY10AN8720R7R2	0.7	8.7	530
PLY10AN9920R6R2	0.6	9.9	690
PLY10AN1430R5R2	0.5	14.0	1000

(注) 使用温度範囲：−25〜60℃，巻き線の温度上昇(定格電流時)：60℃以下

(a) 電気的特性(標準巻きタイプ)

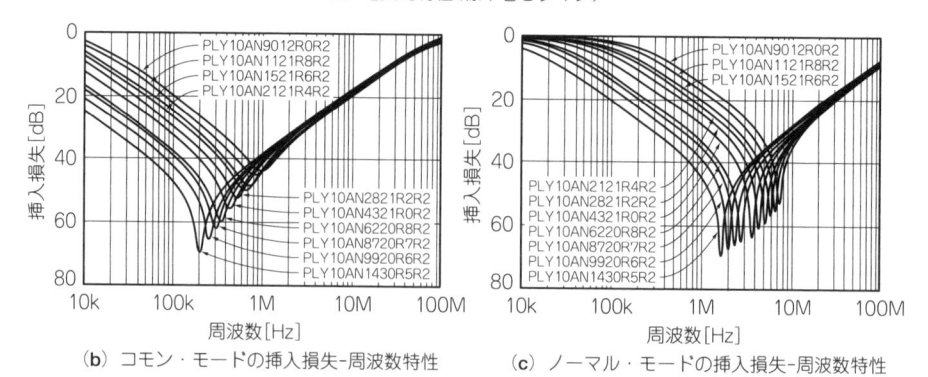

(b) コモン・モードの挿入損失-周波数特性

(c) ノーマル・モードの挿入損失-周波数特性

[**図**3-20][22] ノーマル・モード・インダクタ機能をもつハイブリッド・コイルの例 [(株)村田製作所 PLY10ANシリーズ]

●MAシリーズ

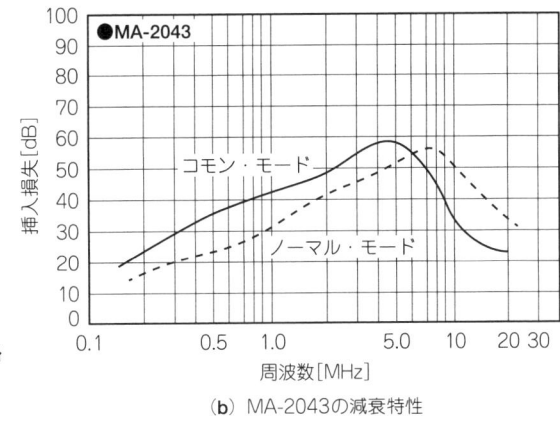

(a) 等価回路

[図3-21][20]
汎用ライン・フィルタの等価回路と減衰特性の例［NECトーキン(株) MAシリーズ］

(b) MA-2043の減衰特性

● Yコンデンサを選ぶとき

　ACラインとフレーム・グラウンド(FG)間に挿入するYコンデンサは，コモン・モード・コンデンサとも呼ばれます．さらに，Yコンデンサとは呼ばれませんが，コモン・モード・ノイズ吸収用として回路の1次側コモンおよび2次側信号グラウンド(＝0V)とFG間にコンデンサを挿入することがありますが，これらもコモン・モード・ノイズをパスさせるためのYコンデンサと同じ働きになります．

　YコンデンサはAC電源の周波数と電圧に応じて漏れ電流が流れるので，ノイズを多く逃がそうとして容量を大きくすると，漏れ電流が大きくなり感電の恐れが生じます．そのため，UL規格などでは漏れ電流の大きさが一定値を超えないよう制限されています．安全規格で認定されている**セラミック・コンデンサ**が主に使用されています．高耐圧のものを入手しやすいからです．

　なお，AC電源ラインのライブ(L)側コンデンサ1個の漏れ電流I_Lは，

$$I_L = 2\pi fC \times V_{ac}$$

　　　f：電源周波数，C：Yコンデンサの容量，V_{ac}：交流電圧

で計算できます．

　ACラインは通常，片方が接地されているので，C_{y1}とC_{y2}のいずれか片方はACラインのニュートラル(N)側に接続され漏れ電流は0になり，整流後のYコンデンサであるC_{y3}は半サイクルがライブ(L)側に接続され，半サイクルがニュートラル(N)側に接続されているので上記式の1/2の漏れ電流になります．

　なお，安全性を重視する用途では口絵(1)でも示しているように，Yコンデンサを2個(同容量)直列にすることもあります．実質容量は半分になりますが，片方の

コンデンサに短絡事故があっても安全性は保持されます．

● Xコンデンサを選ぶとき

　Xコンデンサは，コモン・モード・コンデンサに比べると漏れ電流の心配はないので大容量にできます．しかし，大容量にするとAC電源が開放されたときXコンデンサに電荷が残って感電の危険が生じます．コンセントから引き抜いたACプラグに人が触れたとき，感電などがあってはいけません．よって$0.1\mu F$以上にするときは，コンデンサと並列に**放電抵抗**を用意する必要があります．また，Xコンデンサを大容量にすると力率を低下させることにもなるので，ノーマル・モード・コイルの助けを借りて，あまり大きくしないことが現実的な選択となります．

　Xコンデンサは大容量になることからフィルム・コンデンサの中から使用することになります．

　表3-5にYコンデンサおよびXコンデンサの特性についてまとめておきました．繰り返しますが，コモン・モード・コイル，Xコンデンサ，YコンデンサはACライン電圧が直接加わるので，ショート事故が起きると重大事故につながります．**安全規格への準拠**が重要です．おもな規格は，UL1283 UL，CSA C22.2 No.8，EN60939 などがあります．

● 医療機器用途では漏れ電流規格が厳しい

　特殊な例ですが医療機器用電源では，
- 耐電圧…4kV
- 漏れ電流…0.1mA 以下（AC100V系），0.3mA 以下（AC230V系）
- 伝導ノイズ…クラスB

の規格を満たす必要があります．

　とくに漏れ電流については，ライン・フィルタにおけるYコンデンサの容量に関連します．スイッチング電源を事務機器やIT機器などに使った場合，漏れ電流はAC100V系で1mA以下という規格なので，電源一台あたりの**漏れ電流は0.2～0.3mA**を目安にしています．汎用スイッチング電源を3～4台ほど使用しても，漏れ電流の合計を1mA以下にする必要があるからです．

　汎用スイッチング電源のライン・フィルタにおけるYコンデンサの容量は，ふつう**2200pF**を2～3個使用しています．これで実測の漏れ電流I_{LY}は0.2mA程度になります．

$$I_{LY} = V_{ac} \cdot 2\pi fC \times 2 = 100 \times 2 \times \pi \times 60 \times 2200 \times 10^{-12} \times 2 = 0.16\text{mA}$$

[表3-5] XコンデンサとYコンデンサの特性と選び方

	Xコンデンサ	Yコンデンサ
配置場所	AC入力ライン間	AC入力ライン-グラウンド間(1次-2次間)
安全規格の分類	クラスX コンデンサの破壊が感電の危険に至らない個所に使われるもの	クラスX コンデンサの破壊が感電の危険を招く恐れのある個所に使われるもの
目的	ノーマル・モード・ノイズの除去（バイパス）	コモン・モード・ノイズの除去（バイパス）
主に効果のある周波数	500k～2MHz	1M～20MHz
主に使用する種類	フィルム・コンデンサ	セラミック・コンデンサ
容量範囲	0.047μ～数μF程度	(合計容量で) 500p～5000pF程度
注意点	・0.1μF以上の容量をもつXコンデンサを使用する場合は，放電抵抗が必要 ・設置される環境により要求される耐電圧性能が変わるため，適切なクラスのもの(X1, X2, X3)を選択する必要がある ・うなり音を生じることがある	・合成容量が大きくなると接触電流（漏洩電流）が増え，感電の危険が生じるので定められた容量以下にする必要がある ・安全規格が要求する絶縁クラス（クラスI，クラスIIなど）に適合したコンデンサを選択しなければならない ・端子間距離だけでなく，外装と周辺部品との安全距離にも注意
外観例		

　漏れ電流は，ほかにもトランスなどでの分布容量が200～500pF程度あることも勘案しなければなりません．

　医療機器の場合は漏れ電流を小さくしなければならないので，LCフィルタ用としてはそのぶんコモン・モード・コイルのインダクタは大きくしなければ，ノイズ規格を満たすことができません．一般にはコモン・モード・コイルを2個直列に入れたりします．

　なお，医療機器を作るときの漏れ電流は0.1mA以下でなければならないので，電源ユニットを複数台使うと，すぐに漏れ電流が規格をオーバしてしまいます．そのようなときはスイッチング電源出力を24VDCあるいは12VDCとし，その後段に新たなDC-DCコンバータを用意してマルチ出力にして使うケースも出てきます．

　医療機器用スイッチング電源は，このような余裕をもつことなく，1台だけで使うことを前提で決められているようです．現状では，スイッチング電源を複数台使用して医療機器を構成し，漏れ電流の規格およびノイズ規格をパスするには，低ノイズを特徴とする**LLC共振型コンバータ**を使うしかないと思います．

3-4 スイッチング電源ノイズ対策のノウハウ

● ノイズ対策を行うときの考察手順が重要

　スイッチング電源設計に立ちはだかる大きな壁は，小型化・低価格化の要求と共に，
- 電力変換効率の向上
- 発熱（＝放熱）対策
- ノイズ対策＝諸規格の認定

をクリアすることにあります．しかし残念ながら，これらを一挙に解決する手順を紹介することはできません．ノイズ対策がうまくいかない…つまり所望のノイズ規格が達成できない理由は，あらゆる現象が輻湊しているからです．結論としては，経験の積み重ねによる思考に頼るしかありません．

　ライン・フィルタの設計を具体的にどの程度にするのかも，そのような意味でうまく手順を示すことができませんが，スイッチング電源に限ればノイズには以下のような性格があることを理解して考察することが重要です．

▶ ノイズの大きさについて：
　①出力電力が大きいほどノイズは大きくなる
　②コンバータの回路方式で異なる…LLC共振，擬似共振，フォワード，フライバックの順にノイズが大きくなる
　③スイッチング・トランスの1次-2次間分布容量が大きいほどノイズは大きくなる
　スイッチング・トランスの**1次-2次間分布容量**は，トランスの巻き線方法により大きく異なります．図3-22に代表的なトランスの巻き線例を示します．1次-2次間分布容量は，分割ボビン巻き，一般的な整列巻き，サンドイッチ巻き，二重サンドイッチ巻きの順に大きくなります．そして，1次-2次間分布容量をもっとも小さくするには，1次-2次間に図3-22(e)のような静電シールドを施すことです．

　ノイズの良否はスイッチング・トランスによることが多いということです．トランスの設計についてはスイッチング電源[2]で詳しく取り上げます．

▶ 性能の良いライン・フィルタ…コモン・モード・コイルを得るには
　①1段LCフィルタでコイルは非分割ボビン巻き
　②1段LCフィルタでコイルは分割ボビン巻き
　③2段LCフィルタでコイルは非分割ボビン
　④2段LCフィルタでコイルは分割ボビン

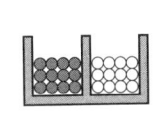

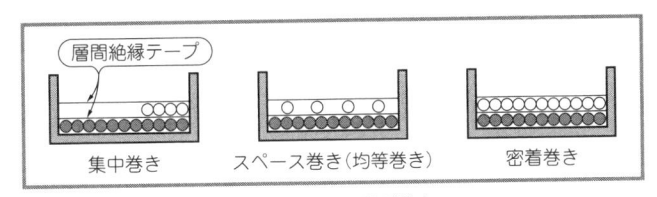

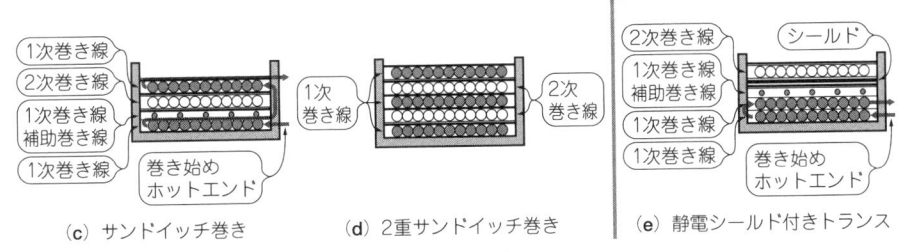

(a) 分割ボビン巻き
(b) 一般的な整列巻き
　集中巻き　　スペース巻き(均等巻き)　　密着巻き
　層間絶縁テープ

(c) サンドイッチ巻き
(d) 2重サンドイッチ巻き
(e) 静電シールド付きトランス

[図3-22] トランスの1次-2次間分布容量と巻き線方法
トランスの巻き線による違いは，ノイズ特性に大きく現れてくる．1次-2次間の分布容量が小さいことが望まれる．1次-2次間分布容量を小さくするには1次-2次間に静電シールドを施すことが有効だが，絶縁やコストのことを考えると必ずしも良い選択にはならない．なお，少量品などでは相手のない巻き線をボビンに巻き，静電シールドの働きをさせてしまう例はある．(a)～(e)は，1次-2次間分布容量が小さくできる順に並べた

の順に選択します．①でクリアできなければ②へ，②でクリアできなければ③へという具合です．コストは順に高くなります．ただし，大電流…5A以上のときのコモン・モード・コイルはトロイダル形から選ぶしかありません．

● 回路図に現れない寄生要素(*LCR*)がノイズ要因になることが多い

　実際のスイッチング電源におけるノイズはどこで発生しているのでしょうか．
　先の図3-4に電源内部のパワー・スイッチング素子…MOSFETのスイッチング波形を示しましたが，ノイズはこのMOSFETやダイオード…半導体のスイッチングが主たる原因です．スイッチング電源における半導体素子のスイッチング周波数は数十kHz～数百kHzにおよびます．そのため，スイッチング素子のON/OFFが素子の配置・配線の影響で*LC*(インダクタ＋キャパシタ)の振動現象を起こして高周波ノイズとなり，その高周波ノイズが電源ラインに伝わり，さらに外部まで出ていくのです．これが**ノイズ源**になります．
　図3-23にスイッチング電源のもっとも簡単なモデルである，非絶縁・降圧コンバータの構成を示します．図(a)が教科書などによく登場する基本構成です．しかし，この回路図はまったく理想的なもので，実態とは大きく異なります．実際には

(a) 理想的な降圧コンバータ回路

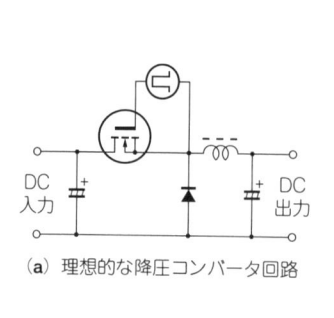

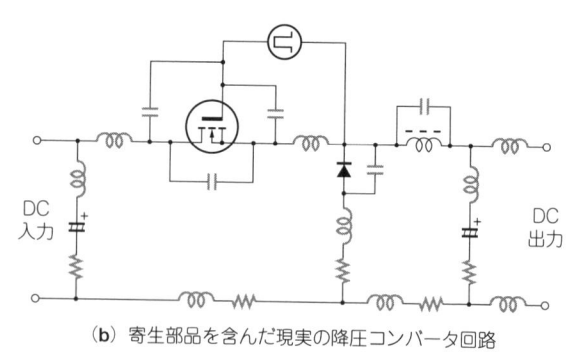

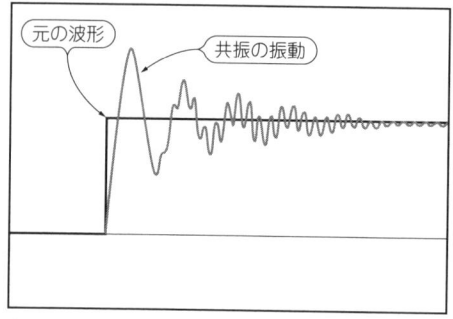

(b) 寄生部品を含んだ現実の降圧コンバータ回路

(c) 理想のスイッチング波形と寄生部品を含んだときのスイッチング波形

[図3-23]
もっとも簡単なスイッチング電源のモデル

スイッチング素子であるMOSFETやダイオードのまわりに意図しない，
- トランスの漏れインダクタンス
- 配線インダクタンス
- トランス巻き線の分布容量(浮遊容量)
- MOSFETの電極間容量
- ダイオードの電極間容量

など，回路図には現れないさまざまな寄生要素があるのです．これら寄生要素が複雑に絡み合って，スイッチング時に複雑な振動…ノイズを発生させています．

　図(b)に寄生要素を考慮した降圧コンバータ回路を示します．いくつもの寄生要素があり，一つのスイッチがON/OFFすると寄生要素が複雑に振動します．さらに，ダイオードでは**リカバリ・ノイズ**を発生し，それが伝播し，外部に出て行くのです．

　図(c)は，図(b)の回路においてMOSFETがON/OFFしたときのドレイン電流およびダイオードの電圧・電流波形です．実線が理想的な配線が通ったとき…つまり寄生要素のないときの波形です．アミのかかったほうが実際の寄生要素…*LCR*

が加わったときの波形です．MOSFETがON→OFF…ターンOFFしたときのエネルギー量は，流れている電流の大きさによってインダクタンスに蓄わえられているものが異なります．そのため電流の大きさやインダクタンスが大きさによっては，電源電圧の何倍もの電圧が出てくる可能性があります．

● ライン・フィルタ設計時の留意事項…現実とは測定条件が異なる

　ライン・フィルタでどのくらいノイズを減衰することができるかは，ライン・フィルタのカタログに（たとえば図3-21に示したように）**挿入損失**（Insertion Loss）として示されています．しかし，この挿入損失の測定にはインピーダンス50Ωの発振器と50Ωのメータが使われています．

　ところが，実際のスイッチング電源を使用するときのライン・フィルタの入出力インピーダンスは決まっていません．つまり，測定インピーダンスが大きく異なっているのです．相対的な傾向は合いますが，カタログ上の挿入損失…減衰率とは大きく異なってくるのです．また，周波数の高い領域ではコイルの巻き線分布容量の影響が大きくなって，自己共振周波数の高いコイルのほうがフィルタ効果があり，分割ボビンで巻いたコイルが自己共振周波数が高く，高周波の減衰率が高く取れたりします．

● ピーク電流によるコアの磁気飽和に注意

　コモン・モード・コイルは図3-14に示したように2本のACライン電流が，磁束がキャンセルし合う方向に巻かれているので，コアの磁気飽和については忘れがちです．しかし，何らかの理由で定格を大きく超えるピーク電流が流れたとき，コアが飽和することがあります．コモン・モード・コイルの**定格電流は一般に実効値**（rms）で示されています．

　とくに力率改善（PFC）回路を持ってない一般の**コンデンサ入力型整流回路**では，図2-14にも示したように入力実効電流の4～7倍のピーク電流が流れます．しかも負荷にも平均定格より大きなピーク電流が流れるスイッチング電源では，コモン・モード・コイルのコアといえどもまれに飽和することがあります．

　コアが飽和すると，飽和の度合いにもよりますがインダクタンスは急激に低下して数十分の1になり，本来の*LC*フィルタとしての働きが一気に低下します．所定のノイズ抑制作用がなくなってしまい，伝導ノイズが急激に増加してしまいます．このような現象は，増加したノイズの大きさが100/120Hzで変調されていることから発見されます．

● 輻射ノイズへの対策…ホット・エンドをコールド・エンドで隔離する

　家庭で使われている200〜300W以下のスイッチング電源におけるノイズ・トラブルは，いわゆる**伝導ノイズ**によるものがほとんどです．それ以上の大容量電源になると，輻射ノイズも大きな比重を占めてきます．**輻射ノイズは空中での結合**ですから，ポイントは静電結合と電磁結合を少なくすることです．いずれも目に見えない結合なので，輻射ノイズ対策は，静電結合と電磁結合との闘いともいえます．

　電源には小型化，薄型化がつよく要請されています．しかし，スイッチング電源は実装密度を高くして**小型化すればするほど，ノイズ問題**が生じやすくなります．小型化のために実装の部品密度を高くすると部品と部品の間隔が狭くなるので，部品間の静電容量（＝静電結合）が大きくなると共に，**漏れ磁束による電磁結合**も生じやすくなります．結果，静電結合によって伝わるノイズと電磁誘導による起電圧も大きくなり，ノイズ対策の難しさは指数的に増えてきます．

　静電結合によるノイズを少なくするには，**ノイズを発生しているであろうホット・エンド**を見分けることと，**ノイズを吸収できるコールド・エンド**とを見分けることです．ホット・エンドとは，スイッチング周波数などの高周波ノイズが重畳している部分のことです．図3-24に示すようにホット・エンド面積はできるだけ小さくします．ケースや2次側回路間との静電結合ができるだけ小さくなるように配置します．コールド・エンドというのは，グラウンドや電源ラインなどインピーダンスが低く安定している部分のことです．

　ですからホット・エンドとケースや2次側回路間は，1次側のコールド・エンドでできるだけ囲み，静電シールド効果が出るように配置することが重要です．パワー・スイッチング素子である**MOSFETの放熱器**（フィン）は浮かせるのはだめで，コールド・エンドに接続します．また，高電圧・大電流になるドレインの配線は極力短くし，1次側トランス巻き線はノイズが2次側に伝わりにくくなるよう，巻き線方法を工夫します．

　また，口絵(1)に示しているように，スイッチング・トランスのコアに導電性接着剤で金属板を貼り，**トランス・コアをコールド・エンドに接続してノイズ・レベル**を抑えている例もあります．

● 輻射ノイズへの対策…電磁結合を小さくする視点

　コイル類は電磁誘導によって予期しない起電圧…ノイズを発生させることがあります．ノイズの発生源になるのは**スイッチング・トランス**（出力トランス），**インダクタ，ノイズ抑制用のライン・フィルタ**（コモン・モード・コイル）です．電流変化

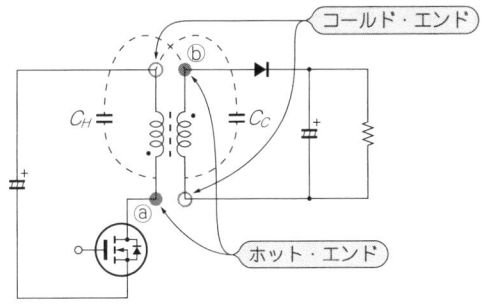

[図3-24]
ノイズの重畳しているホット・エンドはコールド・エンドで隔離する

C_H, C_Cは巻き線による分布容量，ホット・エンド間の容量C_Hを減らすには，ホット・エンド間の距離が遠くなるように巻き線を配置する

(a) 出力トランスの配置

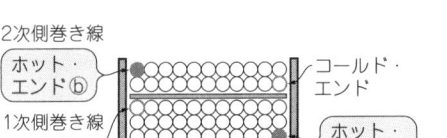

(b) トランス巻き線と分布容量

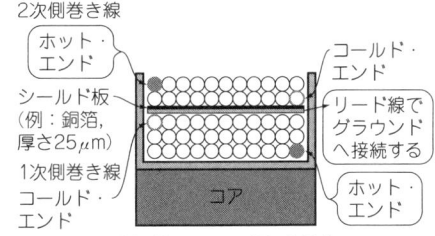

(c) 静電シールドも効果的

の大きい電線もノイズの発生源になります．

　図3-25は，スイッチング・トランスとコモン・モード・コイルの**漏れ磁束**のようすを示したものです．トランスの漏れ磁束は巻き線の巻き方向（巻いてあるコアの方向）に出やすく，また，受けやすくなっています．コモン・モード・コイルの漏れ磁束も同じように巻き方向に出やすく，また，受けやすくなっています．

　つまり，コモン・モード・コイルとスイッチング・トランスが物理的に近くにあって，どちらも電磁結合しやすい方向になっているときは，トランスからの電磁誘導でコモン・モード・コイルに起電圧…ノイズが発生します．そのノイズがYコンデンサC_{f3}，C_{f4}を経由してACケーブルを通り，伝導ノイズとなります．AC電源ライン…LISN（擬似電源回路網）につながっているとそれが入力電圧に加わって，伝導ノイズとして測定されます．コモン・モード・コイルが電磁誘導を受け，コモン・モード・ノイズの発生箇所にもなってしまうのです．

　また図3-26は，ノイズ対策強化のつもりでライン・フィルタを2段構えにしたものです．ところが二つのコモン・モード・コイルL_{f1}とL_{f2}が互いに結合して，電源側の高周波ノイズの大きいL_{f2}からAC入力側のL_{f1}に誘導され，それがコモン・モ

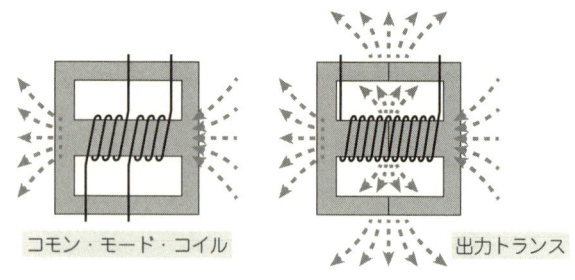

(a) トランスとコモン・モード・コイルの漏れ磁束

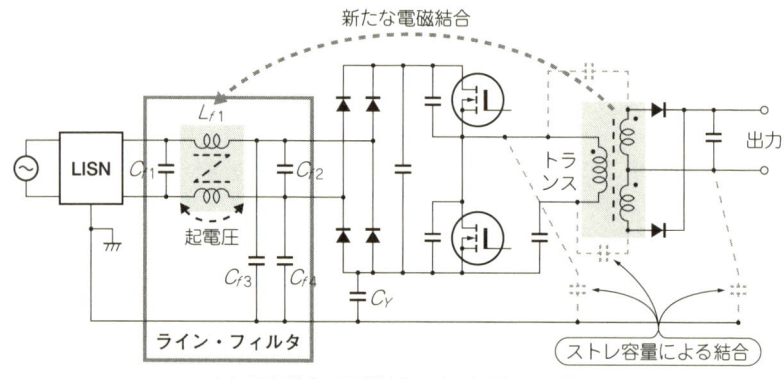

(b) 漏れ磁束の電磁結合による伝導ノイズ化

[図3-25] スイッチング・トランスからコモン・モード・コイルへノイズ誘導
配置によってはトランスからの漏れ磁束を，電磁誘導によってコモン・モード・コイルが受けてしまう

ード・ノイズとして観測されることもあります．これは先の図3-18で示したコモン・モード・コイルの漏れインダクタンス分で，ノーマル・モード・コイルの役割を負わせることによる弊害とも重なる話しなので，注意が必要です．

伝導ノイズの大きさは，スイッチング・トランスやコモン・モード・コイルの**配置を回転**させると違いが出るのでわかりますが，ノイズ・レベルが大きいときは違いがノイズに埋もれてしまい，わかりにくくなります．

できあがった回路基板でノイズ対策を行うのは，大きな苦痛を伴います．シミュレータがなくとも静電結合，電磁結合のようすが見える…イメージできるくらいの知識・経験を深めたいものです．

なお，**写真3-4**に示すようにノートPCなどにおけるACアダプタにおいて，DC出力ケーブルにコアをクランプしている例を見かけます．これはDC出力ケーブルを流れる電流(伝導ノイズ)によって生じる輻射ノイズを抑制している一例といえます．

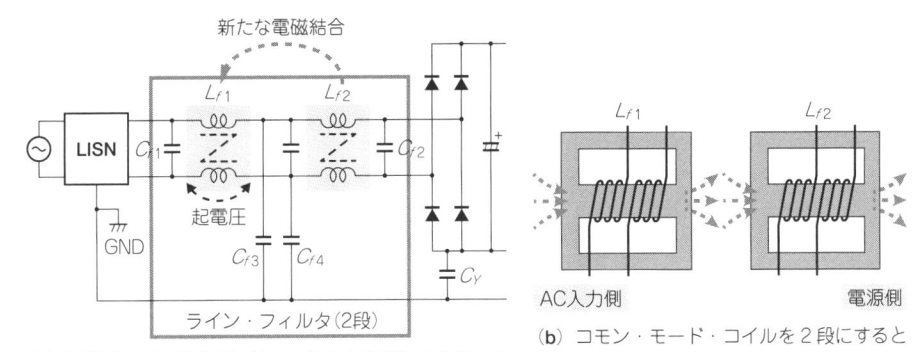

[図3-26] ノイズ・フィルタ2段直列による新たなノイズ誘導
(a) 伝導ノイズを抑えるにはフィルタを2段にすることもある
(b) コモン・モード・コイルを2段にすると

コモン・モード・コイルの漏れ磁束を完全になくすことは難しい．ノイズ減衰をかせぐために2段直列にしたことで，配置によっては高周波ノイズがAC入力側に誘導されてしまうこともある

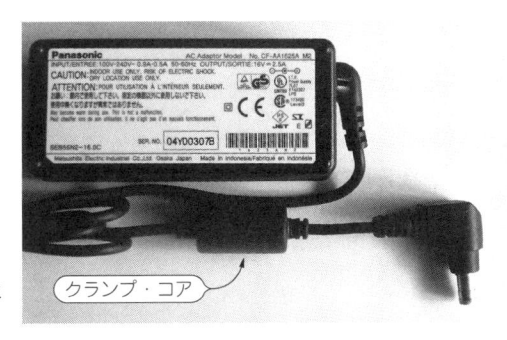

[写真3-4]
ACアダプタのDC出力ケーブルに取り付けられたクランプ・コア
DC出力ケーブルを流れる電流によって生じる輻射ノイズへの対策といえる

● 現実的なライン・フィルタは

　これまでの説明からわかるように，スイッチング電源におけるノイズの大小は，回路方式とプリント基板を含む**回路部品の配置**によって決まります．仮にライン・フィルタを挿入していないとすると，図3-3でも示していますがノイズ・レベルは大きいときは100〜120dB，少ないときでも70dBほどになります．

　そこで現実としてはライン・フィルタを追加することになるわけですが，そのフィルタを1段挿入すると，条件によって5dB〜30dBほどノイズ・レベルを落とすことが可能です．

　図3-27に100Wクラスのコンバータにおけるライン・フィルタの構成を示します．100V系電源で100Wということは最大電流I_fが，

3-4 スイッチング電源ノイズ対策のノウハウ | 093

$$I_f = \frac{P_{out}}{V_{ac(\min)}} \cdot \frac{1}{\eta} \cdot \frac{1}{PF} = \frac{100}{85} \cdot \frac{1}{0.8} \cdot \frac{1}{0.65} \fallingdotseq 2.3 \, (\mathrm{A})$$

となります．よって，2Aまたは2.5A定格の**コモン・モード・コイル**を採用します．**表3-4**で紹介したコモン・モード・コイルSSR21V/Hシリーズは小容量(0.3～2.0A)向きなので定格電流不足ですが，同シリーズの延長にあるSS28V/H(0.8～2.5A)，あるいはSS35V/H(1.5～4.5A)シリーズなどから選ぶことができます．インダクタンスとしては数m～数十mHのものがあります．ノイズ・レベルの減衰を大きくとるには，カタログのインピーダンス特性からコンバータのスイッチング周波数に合わせて数十～数百kHz領域におけるインピーダンスの高いコイルを選びます．

Yコンデンサは2200pF程度が一般的ですが，1次側0Vに挿入するコモン・モード・コンデンサC_{m1}も効果的です．Xコンデンサは0.22μF程度がいいでしょう．

● 2次側…出力側フィルタの効果は

AC電源1次側に用意するライン・フィルタは，とくに伝導ノイズを低減し，余裕をもってノイズEMI規格値以下にすることがおもな目的です．規格をクリアするうえではこの考えで良いのですが，電源の負荷に対してもノイズは十分に抑えて安定に動作できる必要があります．

電源の一般的な仕様には，**図3-2**でも示したように出力ノイズおよび出力リプル，または出力リプル・ノイズの値が決められています．ところがこのリプル・ノイズまたは出力ノイズは測定が難しく，スイッチング電源の知識のない人には正しく測定することができません．オシロスコープ付属のプローブで，電源の出力端子をふつうに測定すると，電源が発生する磁界ノイズを拾ってしまう影響を受けるのです．ほとんどの場合，測定ノイズを大きくしてしまい，仕様をオーバした結果が観測されたりします．

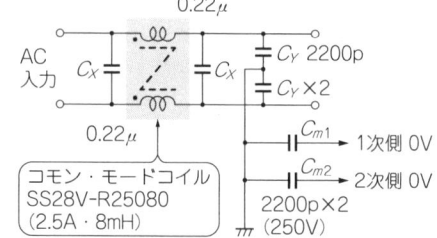

[図3-27]
100Wクラスのコンバータに用意する標準的なライン・フィルタの例

また，電源から負荷まで配線を行うと，電源出力端では仕様どおり低ノイズですが，負荷端になるとかなり大きなノイズになることもあります．理由は，電源出力におけるコモン・モード・ノイズがノーマル・モード・ノイズに変換されているからです．また出力の配線が，電源が発生するほかの磁界ノイズを拾うこともあるので，ほとんどの出力ノイズが，コモン・モード・ノイズから変換されたノイズとして現れるのです．

　電源出力段のノーマル・モード・ノイズを減らすには，出力段にノーマル・モード・ノイズ・フィルタをつけ，図3-27にあるようなコンデンサC_{m2}を配置すると，出力ノイズを低減することができます．出力段ノーマル・モード・フィルタは，AC入力部への伝導ノイズには効きませんが，出力ノイズは低減することができ，負荷の安定にも効果があります．

Column (5)

オーディオ・ビジュアル機器とスイッチング・ノイズ

　ノイズは各国の規制値をクリアすることはもちろんですが，ビデオやオーディオ機器においては画質や音質とも強く関連します．

　テレビなどのビジュアル機器におけるノイズは，画質を見て判断します．ブラウン管の時代は，画面に対して漏れ磁束による画面の揺れが大きな問題点でした．トランスのコアやギャップから出てくる磁束です．漏れ磁束があると画面が揺れます．とくに画面の四隅に揺れが現れました．このため画面四隅の位置が調整できるときは見えるところに移動して，チェックします．巻き線類を中心に，トランスやインダクタをブラウン管から位置的にできるだけ離したり，コアにショート・リングを巻いたりして対策していました．

　テレビでは主に映像信号に高周波ノイズが入るので，受信信号レベルを限界以下のぎりぎりに下げて，画面・音声のノイズをチェックします．ポイントは対策する電波の周波数帯域のレベルを下げることです．電流変化の大きい主スイッチング用MOSFETのドレインやダイオードに，フェライト・ビーズを入れることも効果があります．

　オーディオ機器ではスイッチング・ノイズによって音の良し悪しが決まるので，ノイズ・レベルはVCCIなどの規格よりもかなり下げなければなりません．そのため全般的にノイズを下げます．VCCI規格の10〜20dBは低くしないと良くないので，低ノイズ化にできる共振型（*LLC*共振型や擬似共振型）などが使われています．

Column (6)

スイッチング電源の出力ノイズ測定には剣型プローブ

　図3-2で示したようなスイッチング電源の出力ノイズをオシロスコープで測定するときは，電源の出力端のところで直接観測します(**図3-C**)．加えて，出力ノイズの観測では測定用プローブの選択も重要です．測定用プローブの違いを**図3-D**に示します．(a)に示すように普通のプローブを使うとグラウンド・ラインと検出プローブのループで起電圧が発し，それが誤差になってしまいます．そのため(b)に示す剣型プローブと呼ばれるもので測定します．

　剣型プローブはベイオネット・プローブとも呼ばれています．図からわかるように，プローブのアース線と検出先でループがほとんど生じないようにしたプローブです．ただし，このプローブでもAC電源で動作するオシロスコープでは，オシロ内部の電源を経由してノイズ電流が流れるので，アース線のみにコモン・モード電圧ドロップが発生し，ノイズ波形が大きくなることがあります．そのようなときは電源が浮いた構造になる電池駆動タイプのオシロスコープや，差動プローブを使うとより正確に測定することができます．

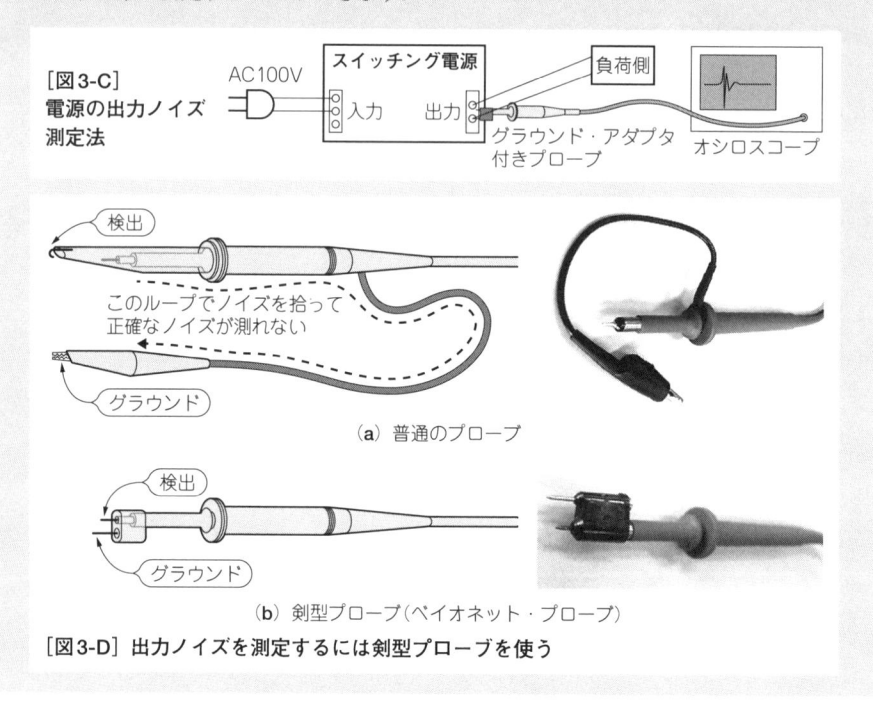

[図3-C] 電源の出力ノイズ測定法

(a) 普通のプローブ

(b) 剣型プローブ(ベイオネット・プローブ)

[図3-D] 出力ノイズを測定するには剣型プローブを使う

スイッチング電源[1] AC入力1次側の設計

第4章
AC入力1次側 整流・平滑回路の設計

スイッチング電源は，商用電源…AC入力を直接，整流・平滑して
直流高電圧を得るところからはじまります．
整流・平滑回路は古典的な技術ですが，高電圧かつ発熱部品と
共存する箇所でもあるので，信頼性確保のうえからとても重要です．

4-1　整流回路のあらまし

● 整流・平滑後のDC高電圧を100～375Vにする

　スイッチング電源ではほとんど回路方式によらず，AC入力電圧は高電圧のまま整流して，まずはDC高電圧を得ます．そのDC高電圧は数十～数百kHzの高周波でスイッチングされ，トランスによって絶縁・降圧され2次側に出力されます．スイッチング周波数を高くすることにより，トランスは商用周波数によるものにくらべると大幅に小さくすることができます．

　スイッチング電源の基本的なブロック図を図4-1に示します．入力電圧V_{inac}（実効値）は国内仕様であるならAC85～115Vであり，整流後のDC高電圧V_{ih}はDC100～163Vになります．ワールド・ワイド入力であるなら，入力電圧仕様V_{inac}をAC85～265V[*1]とすると，整流後のDC高電圧V_{ih}はAC（rms）の$\sqrt{2}$倍よりいくぶん降下したDC100～375Vになります．

　そしてDC高電圧V_{ih}をスイッチング素子…パワーMOSFETなどでON/OFF制御することで，トランス2次側での高周波整流をへて，任意の直流出力を得ることになります．

● 整流・平滑は…コンデンサ入力型整流回路が多い

　スイッチング電源には多くの種類・形式がありますが，商用ACラインに接続し

(*1) 入力電圧仕様を加味した値＝230V＋15％，あるいは240V＋10％

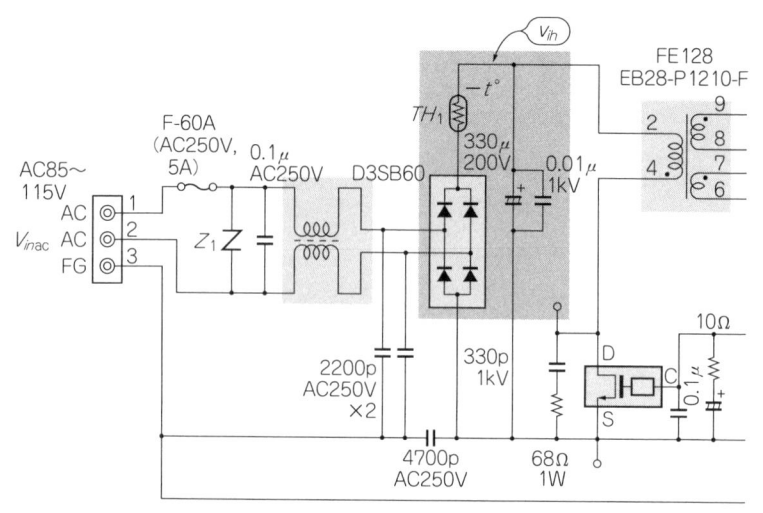

[図4-1] スイッチング電源におけるAC入力部の構成例（フライバック・コンバータ）

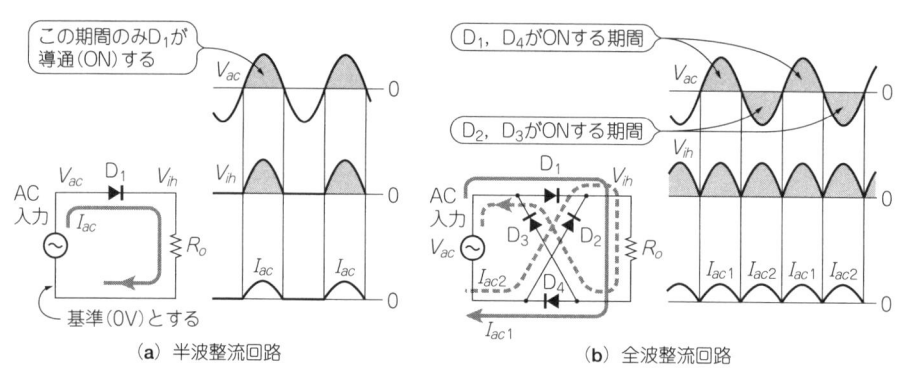

[図4-2] 整流回路の基本
電圧波形V_{ih}を見ると，ダイオードを通しただけの波形はDCとほど遠い．しかし，積分してみると間違いなくDC電圧になっている

て使用される携帯機器用ACアダプタあるいは，ケースに収納された電源モジュールなどがその典型といえます．商用ACラインからエネルギーを受け，きれいで安定したDC（直流）電源を生成するのが役割です．

整流回路とはAC入力からのエネルギーを，DCエネルギーに変換する回路です．図4-2に整流回路の基本構成を示しますが，使用する素子は整流ダイオードです．整流素子とも呼びます．ただし図を見るとわかるように，ダイオードを通しただけ

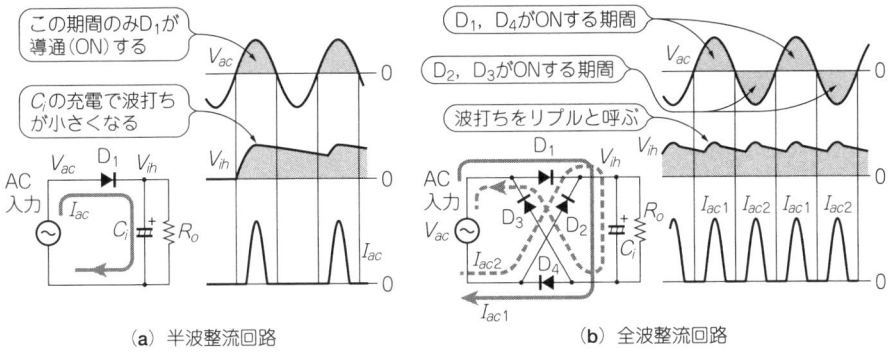

[図4-3] コンデンサと組み合わせる…整流・平滑すると一応きれいなDC電圧になる

のACエネルギーはきれいなDCとはほど遠い波形をしています．ダイオード1本の回路は**半波整流**と呼ばれ，AC…正弦波の半周期（正か負の片側）だけをカットして使用します．ダイオード4本の回路が**全波整流**と呼ばれています．半周期分ごとに導通するダイオードが入れ替わり，正弦波の両周期がともに出力エネルギーとして利用されます．

ACエネルギーをDCらしくするには，コンデンサの助けを借ります．コンデンサはエネルギーを溜めることができるので，図4-3に示すようにダイオード後段にコンデンサを配置すると，ACエネルギーの脈流は改善され，なだらかなDCエネルギーに変換されます．整流ダイオードの直後に置くコンデンサのことを**平滑コンデンサ**と呼んでいます．

ただし，整流・平滑後のDC電圧波形を細かく見ると，入力AC波形のなごりが残って，波形は波打っています．これを**リプル**(ripple)と呼びます．リプル電圧が小さいほどDCらしくなるわけですが，リプル電圧の大きさは平滑コンデンサの容量と出力電流の大きさによって変化します．平滑コンデンサには一般に高耐電圧と大容量が要求されるので，主に**アルミ電解コンデンサ**と呼ばれるタイプが使用されています．

● 平滑コンデンサに大きなピーク電流が流れる

図4-2と図4-3をもう一度ご覧ください．AC入力側を流れる電流I_{ac}およびI_{ac1}，I_{ac2}を示しています．図4-2の平滑コンデンサがないときのI_{ac}およびI_{ac1}，I_{ac2}は，ダイオードが導通しているとき流れる電流ですが，負荷が（この例では）抵抗R_oなので，出力電圧波形V_oとほぼ相似の波形となっています．

4-1 整流回路のあらまし | 099

ところが平滑コンデンサC_iを加えた図4-3をみると，そうではありません．I_{ac}およびI_{ac1}, I_{ac2}はコンデンサC_iを充電するための電流が主になっています．しかも，C_iの存在によってかなり大きなピーク電流が流れることがわかり，ダイオードがOFFした後の負荷R_oへの電流供給は，C_iが役割を担っていることがわかります．したがって，整流・平滑後の高電圧V_{ih}のリプルを小さく抑えるには出力電流の大きさとも関連しますが，かなり大容量のコンデンサC_iが必要となることが想像できます．しかも，C_iが大容量になればなるほど，充電のためのピーク電流も大きくなってしまいます．

スイッチング電源では，このような**コンデンサ入力型整流**と呼ばれる回路が一般に使用されます．また，高電圧V_{ih}のリプルをできるだけ抑えるには全波整流回路が望ましいので，ダイオードは4本が1パッケージにセットされた**ブリッジ・ダイオード**と呼ばれる素子を用いるのが一般的です．

半波整流は回路は簡単ですが，交流波形の上半分あるいは下半分しか使わないので商用電源…**AC配電線**には**直流分が流れる**ことになり，高調波成分がかなり含まれます．全波整流では生じない第2次高調波も多くなるので，配電線における高調波規制がスタートした頃からの設計ではほとんど使われなくなりました．

このコンデンサ入力型整流回路では，AC側入力電流波形が正弦波にはなりません．コンデンサC_iを充電するためにピーク成分を持った電流波形になるので，力率が悪くなっていることを考慮しておく必要があります．力率とは（実効電力÷皮相電力）のことです[*2]．**写真4-1**に，代表的なスイッチング電源におけるAC入力

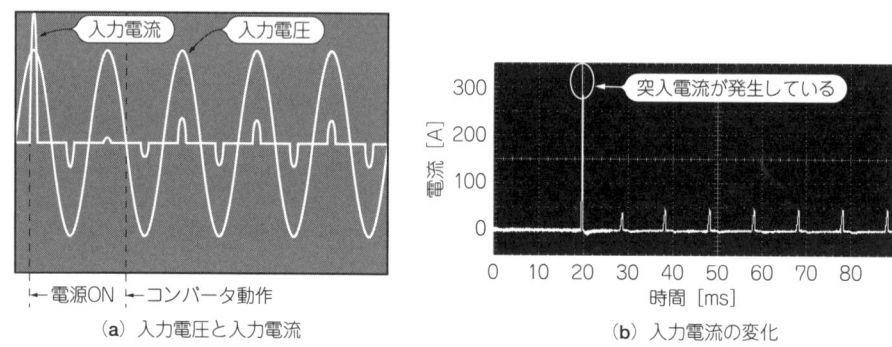

(a) 入力電圧と入力電流

(b) 入力電流の変化

[**写真4-1**] コンデンサ入力型整流回路におけるAC入力電流波形の例

[*2] 実効電力とはrms (root mean square = 二乗平均値) で示される実際に仕事をしている有効電力成分のこと．皮相電力とは，ACの送電側が供給していると見なせる電力の大きさ．皮相電力がすべて有効電力（実効電力）として生かされていると力率は1.0になる．配電側から見た負荷が純抵抗分であるなら，力率は1.0となる．

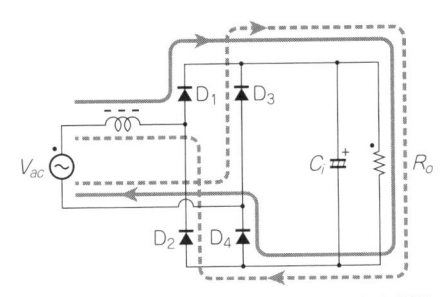

[図4-4] 力率改善のためのチョーク入力型整流回路の構成(全波整流)

電流波形を示します.

なお，コンデンサ入力型整流回路を使用することによる力率低下の問題は，出力容量が大きくなると露呈します．必要によっては**PFC**(Power Factor Collection…**力率改善**)と呼ばれる回路を付加して解決します．PFC回路についてはスイッチング電源[4]で紹介します．

● **力率を低下させないためにはチョーク入力型整流回路**だが…

整流・平滑回路において力率を低下させない方法として，簡易的にPFCを実現するためにチョーク・コイルを挿入する，チョーク入力型整流回路と呼ぶ方式もあります(図4-4)．しかし，小型・薄型の電源回路が要求される時代，低周波チョーク・コイルは相当のスペースと重さを必要とすることから，一般的ではありません．

また，近年普及してきたLED照明器具などにおいてスイッチング電源を使用するとき，EMI抑制のため挿入するライン・フィルタ(コモン・モード・コイル)に，ノーマル・モード・インダクタンス分をもつコイルが使用されることを，第3章でも紹介しました．ノーマル・モード・コイルはXコンデンサと協調して，ノーマル・モードに重畳する高周波ノイズを抑制することが目的ですが，見方を変えると整流・平滑回路におけるふるまいを(わずかだけですが)コンデンサ入力型からチョーク入力型へと向かわせていることにもなっています．

● **高電圧を得るとき便利な倍電圧整流回路**

整流回路の基本としてコンデンサ入力型を紹介しましたが，じつはダイオードとコンデンサの組み合わせは回路技術としておもしろく，とくに入力よりも高い出力電圧を得る用途に使用できるので，知っておくと便利です．**図4-5**に入力電圧の2

(a) 各部の波形（180°投入のとき）
各部の波形（0°投入のとき）
(a) 半波倍電圧整流回路

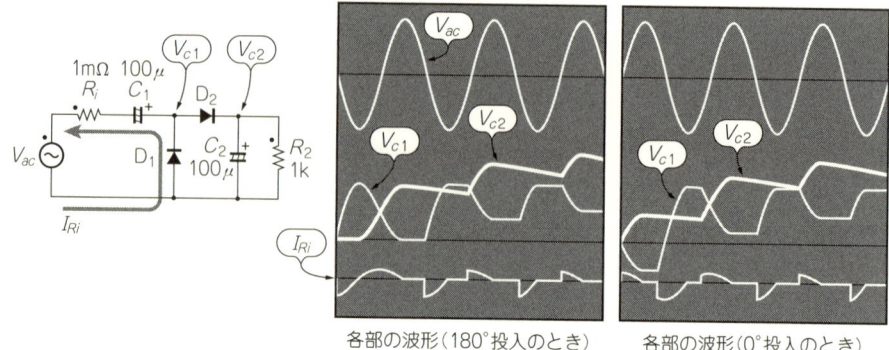

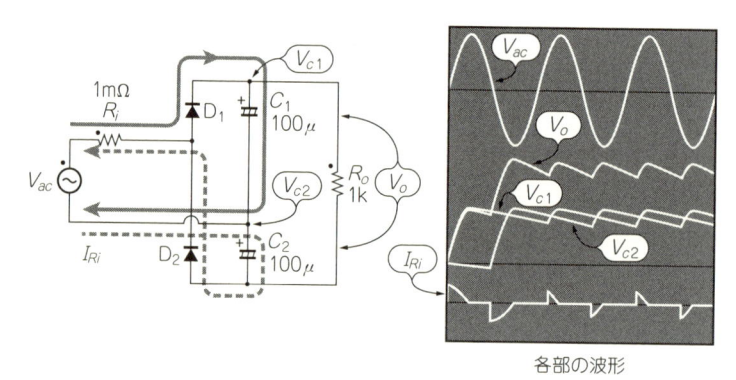

(b) 全波倍電圧整流回路
各部の波形

[図4-5] 二つの倍電圧整流回路

倍の電圧を取り出す倍電圧整流回路を示します．

　(a)の**半波倍電圧整流回路**では，まずV_{ac}が負の半波のときダイオードD_1が導通してC_1を充電します．次に正の半波のときはC_1の電圧はV_{ac}と同方向に直列に加わってD_2を導通させコンデンサC_2を充電します．したがって，この回路の出力にはV_{ac}のほぼ倍にあたる電圧が現れることになります．ただし，大きな負荷電流をとると出力電圧が低下することの考慮が必要です．

　(b)の**全波倍電圧整流回路**は，図4-3で示した半波整流回路を正側と負側に用意して二つを直列にしたものです．V_{ac}が正の半波のときは$D_1 \to C_1$ルートで充電され，負の半波のときは$C_2 \to D_2$ルートで充電されます．この電圧が直列になっているので，倍電圧回路ができ上がります．(a)と(b)では使用する部品数は同じですが，(a)のほうは交流片線を負荷と共通にできるので，用途によっては利点があります．

(a) 半波3倍電圧整流回路

(b) 半波4倍電圧整流回路
(半波2n倍電圧整流回路)

(c) 全波4倍電圧整流回路
(両波4n倍電圧整流回路)

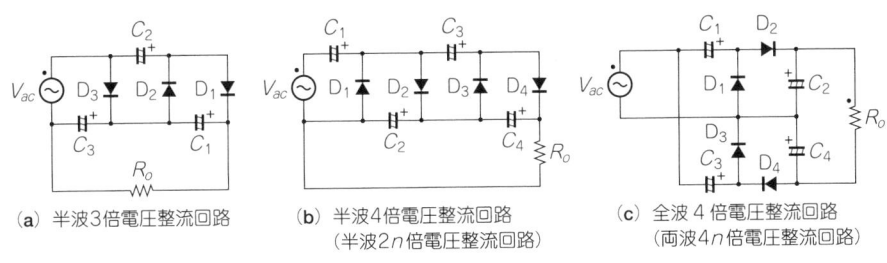

[図4-6] さらに高い電圧を得たいとき

[表4-1] 各種整流回路の特性計算式

回路形式	図番号	平滑出力電圧 V_{ih} (V)	リプル電圧 $V_{(p-p)}$	整流ダイオード平均電流 (A)
半波整流	図4-3(a)	$\sqrt{2} \cdot V_{ac} - \dfrac{I_o}{(2fC_i)}$	$\dfrac{I_o}{f \cdot C_i}$	1
全波整流	図4-3(b)	$\sqrt{2} \cdot V_{ac} - \dfrac{I_o}{(4fC_i)}$	$\dfrac{I_o}{2f \cdot C_i}$	0.5
センタタップ(全波)整流回路	図4-7(a)	$\sqrt{2} \cdot V_{ac} - \dfrac{I_o}{(4fC_i)}$	$\dfrac{I_o}{2f \cdot C_i}$	0.5
半波倍電圧整流	図4-5(a)	$2\sqrt{2} \cdot V_{ac} - 3 \cdot \dfrac{I_o}{(2fC_i)}$	$\dfrac{I_o}{f \cdot C_i}$	1
全波倍電圧整流	図4-5(b)	$2\sqrt{2} \cdot V_{ac} - \dfrac{I_o}{(fC_i)}$	$\dfrac{I_o}{f \cdot C_i}$	1
半波チョーク入力整流		$\dfrac{\sqrt{2}}{\pi} \cdot V_{ac}$	$\dfrac{1}{(2\sqrt{2}\pi^2)V_{ac}}/ffLC_i$	
全波チョーク入力整流	図4-4	$\dfrac{2\sqrt{2}}{\pi} \cdot V_{ac}$	$\dfrac{1}{(3\sqrt{2}\pi^3)V_{ac}}/ffLC_i$	

(注) チョーク入力整流における出力電圧は,チョーク・コイルが電流連続モードのとき

図4-6に示すのは倍電圧整流回路をさらに複数段組み合わせることで,高い電圧まで持ち上げるようにした回路です.近年使用されるケースが多くなってきた空気清浄機などにおける**高圧電源回路**などには,倍電圧回路の活用が欠かせません.

なお倍電圧整流回路をふくめて,コンデンサ入力型整流回路の出力電圧やリプルなどを求めるのはなかなかやっかいです.表4-1に平滑コンデンサや出力電流が既知である場合の基本的な出力電圧,リプル電圧を求める式を示しておきます.参考にしてください.

● トランスのセンタ・タップを利用した**整流回路**

本書ではスイッチング電源の設計を前提にしているので,商用周波数(50/60Hz)

(a) ふつうの全波整流回路
（両波整流回路）

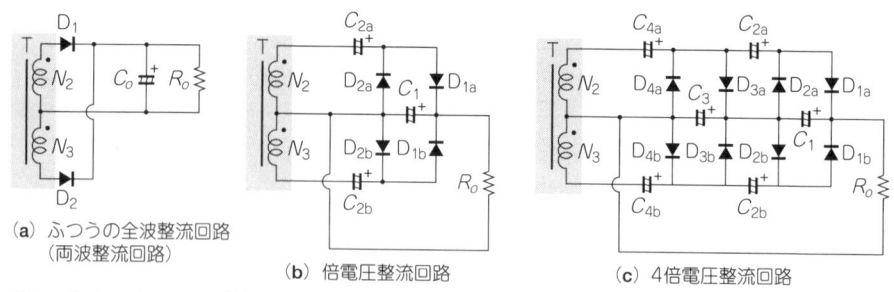

(b) 倍電圧整流回路

(c) 4倍電圧整流回路

[図4-7] センタ・タップ付きトランスを使用した倍電圧整流回路

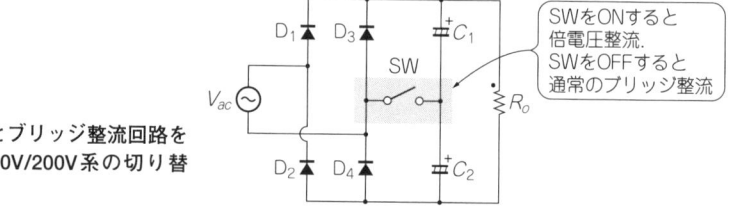

[図4-8]
倍電圧整流回路とブリッジ整流回路を切り替えると100V/200V系の切り替えが行える

SWをONすると倍電圧整流．SWをOFFすると通常のブリッジ整流

の電源トランスを使用することを前提にしていませんが，用途によっては高電圧を発生させるために倍電圧回路を使用するケースはあります．倍電圧回路で出力電流をいくぶん必要とする場合は，センタ・タップ付きトランスを使用すると効果的です．

図4-7に，センタ・タップ付きトランスによる倍電圧整流回路の構成を示します．(a)はふつうの全波整流回路です．両波整流回路とも呼ばれています．(b)が倍電圧整流回路，(c)が4倍電圧整流回路になります．倍電圧化するしくみは図4-6と同じなので，動作を一度頭の中で検証してみてください．

● 整流回路を切り替えてワールド・ワイド対応にすることも

全波倍電圧整流回路は，スイッチング電源をワールド・ワイド(世界)対応にしたいとき使用されることがあります．第1章で示したように世界の商用AC電源は，主に100V系の地域と200V系の地域があります．電子機器を日本国内(100V用)対応だけでなく，世界(100V/200V共用)対応にしたいときは，電源部にスイッチなどを用意するだけで切り替え対応ができたら便利です．

そこで考え方の一つとして，スイッチング電源をあらかじめAC200V系で使用する前提で設計しておき，AC100V系の地域で使用するときには倍電圧回路構成と

し，AC200V系の地域で使用するときはブリッジ整流回路にする使い方があります．このときの100/200V系の切り替え回路を図4-8に示します．

4-2 ブリッジ整流回路の設計

● 整流にはブリッジ・ダイオード

　スイッチング電源におけるAC入力の高電圧を整流するときは，4本のダイオードを1パッケージ化した，いわゆるブリッジ・ダイオードと呼ばれるものを使用するのが一般的です．個別ダイオードのほうが低コストではありますが…．

　ブリッジ・ダイオードは電源回路の必需品ともいえるのですが，多くのメーカから商品が消えつつあります．国内では，新電元工業(株)がもっとも多くの整流用ブ

[表4-2][23]　最大電圧定格600Vのブリッジ・ダイオード・シリーズの一例［新電元工業(株)］

型名	最大出力電流(A)	尖頭サージ電流(A)	電流二乗時間積(A^2s)	順方向電圧降下(V)	動作抵抗 R_d(mΩ)	パッケージ $L×H×D$(mm)	熱抵抗 θ_{ja}(℃/W)
S1VB60	1	30	4.5	max 1.05	140	15.6 × 7.1 × 3.4	62
D2SB60A	2	120	60	max 0.95	79	20 × 11 × 3.5	47
D3SBA60	4	80	32	max 1.05	56	25 × 15 × 4.6	30
D5SBA60	6	120	60	max 1.05	39	30 × 20 × 4.6	26
D10XB60	10	120	60	max 1.1	30	25 × 15 × 4.6	26
D15XB60	15	200	110	max 1.1	23	30 × 20 × 4.6	22
D20XB60	20	240	200	max 1.1	17	30 × 20 × 4.6	22
D25XB60	25	350	300	max 1.05	13	30 × 20 × 4.6	22
D50XB80(注)	50	600	1800	max 1.05	8	45.7 × 27 × 7.5	16

(注1)　最大尖頭電圧 V_{RM} = 800V，他の素子は V_{RM} = 600V
(注2)　尖頭サージ電流とは指定温度条件で50Hz正弦波1サイクルを流すことのできる非繰り返し最大許容順電流のピーク値
(注3)　電流二乗時間積とは 1ms ≦ t_p < 10ms のパルス幅で流すことのできる非繰り返し最大許容順電流ピーク値を算出するための値
(注4)　順方向電圧降下は最大出力電流定格の1/2のパルスを流したときの1素子あたりの測定値
(注5)　動作抵抗はデータ・シートのグラフから略算出した(1素子あたり@25℃)

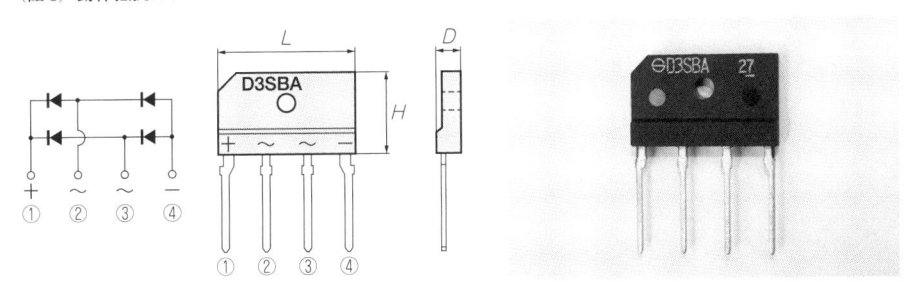

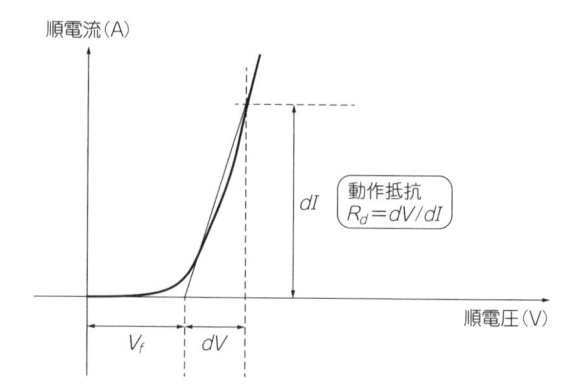

[図4-9]
ダイオードの順方向特性と動作抵抗

リッジ・ダイオードを用意しているようです．

　表4-2にAC入力部に適した600V耐圧ブリッジ・ダイオードの例を示します．ワールド・ワイド入力仕様であっても，最大電圧は$\sqrt{2} \times 265V = 375V$ですから，電圧定格としては余裕をもってクリアできます．電流定格は，電源の出力電流を1次側に換算した値を使用しますが，目安としてその2倍以上の定格電流のものを選びます．1〜50A定格のものが用意されており，現在は実装面積が少なくてすむ4本脚のシングル・インライン型が主流になっています．

　なお，後述の整流・平滑回路の計算においてはダイオードの動作抵抗R_dに注目する必要があります．ダイオードの動作抵抗R_dとは図4-9に示すように，導通時のdV/dIで示されるものです．表4-2では参考までに，順方向特性グラフから算出した動作抵抗(@25℃)を示しておきます．

● 無視できないブリッジ・ダイオードの順方向電圧V_fによる損失

　ブリッジ・ダイオードの選択では，電力の損失とそれに伴う放熱の検討が重要です．図4-3でも示したようにブリッジ・ダイオードによる整流では，交流の半周期ごとにダイオード2個分の順方向電圧降下V_f[*3]を生じます．この2個分の順方向電圧V_fと，流れる電流I_oとの積が電力損失P_{vf}を生じます．

　図4-10に表4-2にも示した4Aタイプおよび20Aタイプ・ブリッジ・ダイオードの順方向電圧V_fの電流-電圧特性を示します．ダイオード1個あたりの順方向電圧V_fは0.6〜1.1Vですが，電流が大きくなるとV_fも大きくなることがわかります．

(*3) 順方向に流れる電流によって生じる電圧降下は，正確には[順方向電圧降下]と呼ぶべきだが近年では順電圧とか，V_fと略されることが多くなっている．本書では順方向電圧と表記する．

(1) 順方向特性　　　　　　　　　　　　　　　(1) 順方向特性

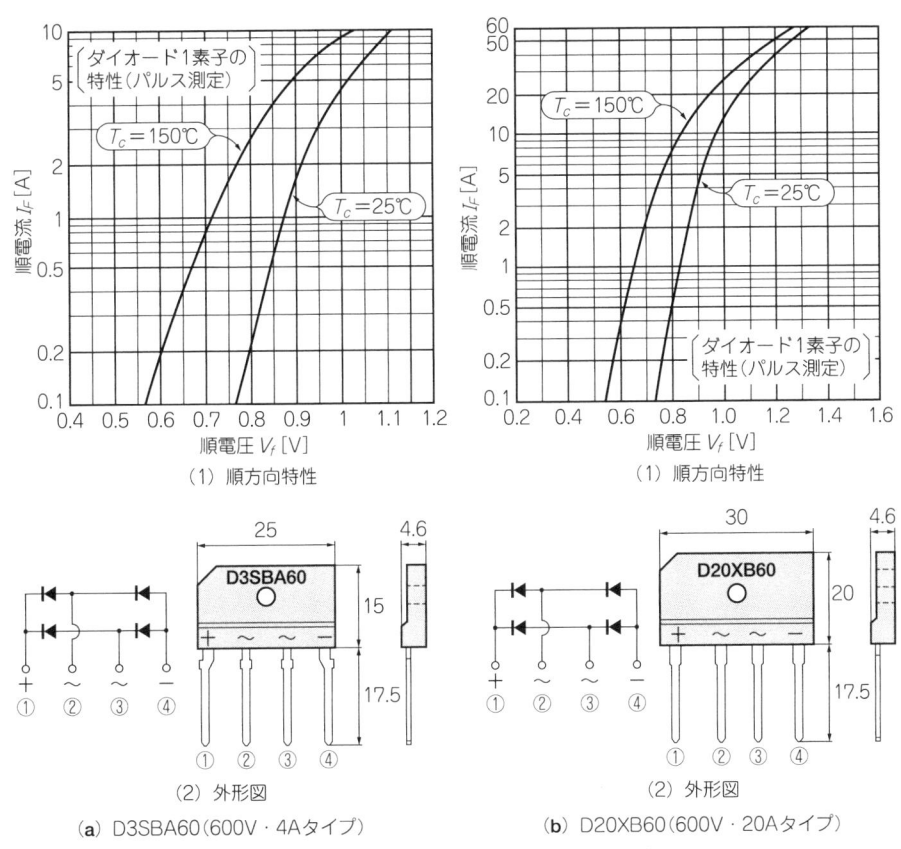

(a) D3SBA60（600V・4Aタイプ）　　　　　(b) D20XB60（600V・20Aタイプ）

[図4-10][23] ダイオードの順方向電圧-電流特性の例［新電元工業(株)］

また，流れる電流が同じなら大電流タイプのほうがV_fを小さく作ってあることがわかります．V_fは温度が上がると約2mV/℃の割合で低下しています（ショットキー・バリア・ダイオードは温度上昇に伴って，V_fの値も上昇する）．

仮に200Wの電源を想定した整流回路の電流出力I_oを2Aとすると，ブリッジ・ダイオードの消費する電力P_{vf}は，

$P_{vf} = I_o \times 2V_f = 2 \times 2 \times 0.9 = 3.6$ W

と，かなり大きな損失です．200W電源における3.6Wの損失は1.8%に相当します．

本書の目的の一つに，電源回路における**電力変換効率**のアップがありますが，この固定的な損失…ダイオードの順方向電圧は，整流回路のボトルネックといえます．近年では，この順方向電圧V_fを少しでも低くし，損失が小さくなるよう工夫した

(a) 順方向特性

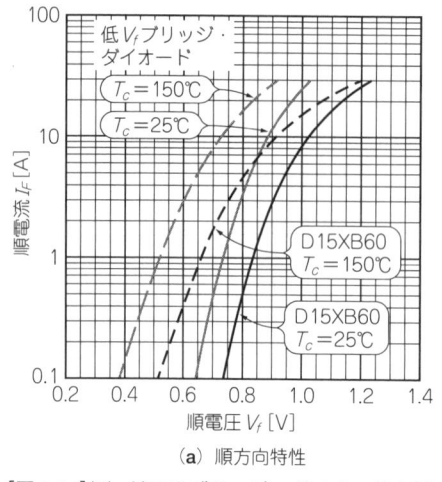

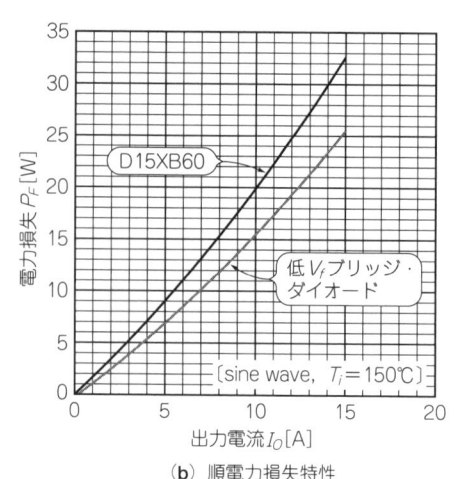

(b) 順電力損失特性

[図4-11][23] **低V_fのブリッジ・ダイオードの例**

ブリッジ・ダイオードが出現しつつあります．図4-11に低V_fブリッジ・ダイオードの一例を示します．

● ブリッジ・ダイオードの放熱はどうする？

さて，このブリッジ・ダイオードにおいてP_{vf} = 3.6Wという電力損失は，放熱器なしですませられるオーダでしょうか？

表4-2に示しましたが，4AタイプのダイオードD3SBA60の［接合部-周囲間（放熱器なし）］パッケージ熱抵抗は θ_{ja} = 30℃/Wとなっています．よって，周囲温度T_a = 0～50℃，P_{vf} = 3.6Wにおけるダイオード・チップの接合部温度T_jを推測すると，

$$T_j = (P_{vf} \times \theta_{ja}) + T_a \quad \cdots\cdots\cdots\cdots\cdots\cdots\cdots\cdots\cdots\cdots\cdots\cdots\cdots\cdots\cdots\cdots\cdots\cdots (4\text{-}1)$$
$$= (3.6 \times 30) + (0 \sim 50) = 108 \sim 158 \text{（℃）}$$

という結果になります．ダイオード D3SBA60の（許容）最大接合部温度T_jは150℃となっています．つまり，周囲温度T_aが42℃を越えると$T_{j(\max)}$をオーバするので，ダイオードは熱的にもたないと判断します．

ダイオードに限りませんが，半導体の最大定格における接合部温度は，信頼性確保の観点から80%以下には抑えたいものです．$T_{j(\max)}$ = 150℃ということは，T_j = 120℃あたりをリミットに設定します．したがって必要となるダイオード放熱のための熱抵抗θ_{ja}は，

[写真4-2]
放熱フィンを取り付けたブリッジ・ダイオード
整流ブリッジのための放熱器を使用しなくても、メイン・スイッチング用MOSFETの放熱器を借用することもある

$$\theta_{ja} = \frac{T_j - T_{a(max)}}{P_{vf}} \quad \cdots\cdots\cdots\cdots\cdots\cdots\cdots\cdots\cdots\cdots\cdots\cdots\cdots\cdots \quad (4\text{-}2)$$

$$= \frac{120 - 50}{3.6} = 19.4 \;(\text{℃/W})$$

電力消費P_{vf} = 3.6Wが減らせないのであれば、ダイオードのもつ熱抵抗θ_{ja} = 30（℃/W）が、たとえば20（℃/W）以下になるようダイオードに放熱器（放熱フィン）を取り付ける必要が生じます．とはいえ、熱抵抗からすると格別な放熱器が必要というレベルではありません．一般には**写真4-2**に示すように、メインのスイッチング用MOSFETの放熱器の一部スペースを間借りするような形で取り付けたりしています．**表4-2**に紹介したダイオードは絶縁モールドされており、放熱器へ取り付けるためのM3取り付け穴が用意されています．

なお、100Wの電源を想定した出力1Aの整流回路であれば、ダイオードの消費電力はP_{vf} ≒ 1.8Wなので、4AタイプのダイオードD3SBA60を使用するなら、

$$T_j = (1.8 \times 30) + (0 \sim 50) = 54 \sim 104 \;(\text{℃})$$

となって、放熱器なしで使用できます．しかし、2AタイプのダイオードD2SB60Aではちょっと厳しくなります．電流ランクの大きいダイオードを使用するか、放熱器のお世話になるか、最終的にはコストとスペースの兼ね合いで選択することになります．

● 突入電流（サージ電流）への配慮も

ブリッジ・ダイオードの熱容量計算においては、平均出力電流から計算した電力消費を示しています．しかし、スイッチング電源では平滑コンデンサが大容量になるので、電源投入時の突入電流＝ダイオードを流れるサージ電流にも注意が必要です．突入電流は**ラッシュ電流**とも呼ばれています．**表4-2**にも示しましたが、各ダイオードには通常の最大出力のほかに、**尖頭サージ電流**の定格があり、これがきわめて重要です．

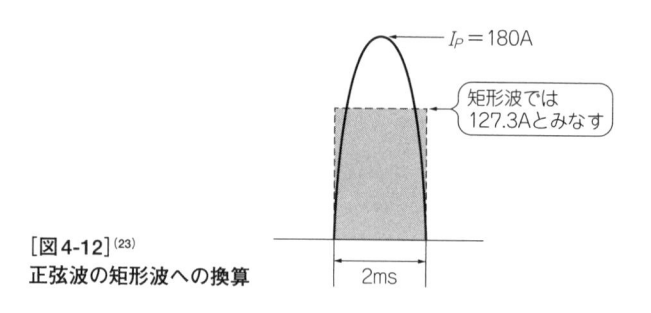

[図4-12][23]
正弦波の矩形波への換算

(図中: $I_P = 180$A, 矩形波では127.3Aとみなす, 2ms)

ダイオードの尖頭サージ電流I_{FSM}とは，50Hz正弦波1サイクルでの非繰り返し最大電流値のことで，表4-2に示したダイオードではT_j(チップのジャンクション温度) 25℃における上限値が示されています．2AタイプのD2SB60AではI_{FSM} = 120Aとなっていて，かなり余裕がありそうですが，写真4-1でも示しているように突入電流対策がなされてないと心配な局面もありそうです．後述しますが，突入電流への対策を行い，尖頭サージ電流を一瞬たりとも超えることのないよう配慮することが重要です．

同様のことが$I^2 \cdot t$…**電流二乗時間積**についてもいえます．I_{FSM}は50Hz正弦波入力に対する規格ですが，実際の回路においては電源投入時の位相や電源インピーダンスなどによって，突入電流のピーク値やパルス幅は異なって，10msよりも短いパルス幅になることが生じます．

そこで1ms～10msのパルスに対しては$I^2 \cdot t$を使用した，非繰り返し許容電流値が設定されています．これは，

$$I^2 \cdot t \geq \int I^2 dt \quad \cdots \quad (4\text{-}3)$$

であれば許容できると判断します．たとえば図4-12のような正弦波の一部がT_j = 25℃で印加された場合，$I^2 \cdot t$は矩形波に換算した値を使用して，電流波形はI_p = 180Aの正弦波とみなします．

正弦波から矩形波への換算では，$180 / \sqrt{2} = 127.3$ A

これより$I^2 \cdot t$を計算すると，

$I^2 \cdot t = 127.3 \times 127.3 \times 0.002$ s $= 32.4$ A^{2}s

よって，$I^2 \cdot t$が32.4(A^{2}s)以上のダイオードを選べば大丈夫ということになります．

Column (7)
整流ダイオードがノイズ発生源

　AC入力1次側にかまえる電源の整流・平滑回路におけるブリッジ・ダイオードは，50/60Hzの整流を行っているだけなので，一般にはここでノイズが発生することは考えないかもしれません．非スイッチングのドロッパ電源でも，ノイズのことが云々されることはあまりないかも知れません．

　しかし，じつは商用周波数整流のブリッジ・ダイオードにおいても，**写真4-A**に示すような**リカバリ・ノイズ**と呼ばれるものが発生しています．ダイオードは一方向にしか電流を流さない特性をもっていることが理想ですが，必ずしもそうではありません．大きな逆電圧が加わると導通状態からすぐにはOFFにならないのです（理想的にはすぐにOFF）．**逆回復時間**…リカバリ・タイムと呼ばれる時間が必要なのです．この時間遅れによって発生するノイズがリカバリ・ノイズと呼ばれるもので，波形が急峻であるため伝播しやすく，外部にも放射されます．

　ドロッパ電源ではACライン周波数(50/60Hz)でのスイッチングですから，リカバリ・ノイズは100kHz以下の周波数に多く分布しますが，相応のノイズ・レベルになります．ドロッパ電源でさらなる低ノイズ化を行うときは，整流ダイオードにショットキー・バリア・ダイオードや高速ダイオードを使ってリカバリ・ノイズへの対策を注意深く講じたりして，ノイズを抑える工夫が行われています．

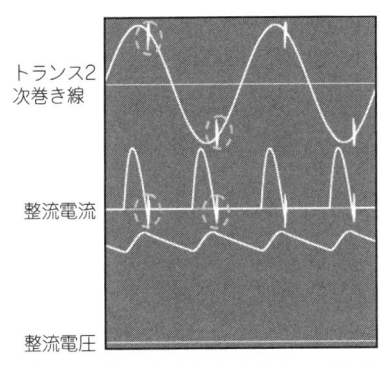

(a) AC商用ラインに現れるダイオードのリカバリ・ノイズ

(b) ダイオード・リカバリ・ノイズの拡大

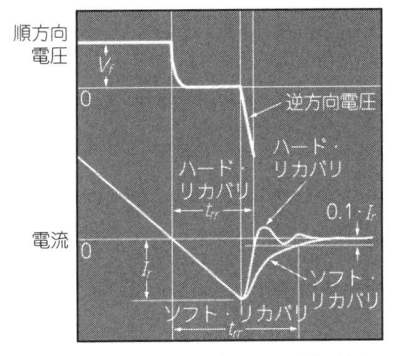

[写真4-A]　一般整流回路で生じる整流ダイオードのリカバリ・ノイズ

4-3　コンデンサ入力型平滑回路の設計

● 整流・平滑回路から見たスイッチング電源は定電力負荷

　本書で扱うスイッチング電源を，AC入力1次側整流・平滑回路の負荷として考えてみましょう．たとえばスイッチング電源が 5V・10A出力であるなら，変換効率抜きで考えると50Wの負荷と考えられます．10V・5A出力であっても，やはり50Wの負荷と考えることができます．つまり整流・平滑回路にとっては，5V・10A出力のコンバータも，10V・5A出力のコンバータも回路定数やトランスは異なるけれど，同じ50Wの負荷ということができます．

　このように本書で扱うスイッチング電源のAC入力1次側整流・平滑回路の負荷は，後段回路によって電圧・電流がコントロールされているが，目的としては**電力を一定にする**よう供給していることになります．このような負荷を，**定電力負荷**と呼んでいます．

　負荷にはほかに定抵抗負荷，定電流負荷などがありますが，整流・平滑回路にそれぞれの負荷をつけたとき平滑コンデンサの放電時のふるまいを観測すると，**図4-13**のようになります．他の負荷にくらべると，定電力負荷を取りつけたときの放電時間が一番早いことがわかります．このため，スイッチング電源におけるコンデンサ入力型ブリッジ整流回路の電圧計算では，AC入力電圧が最低になったときの負荷抵抗で計算する必要があります．

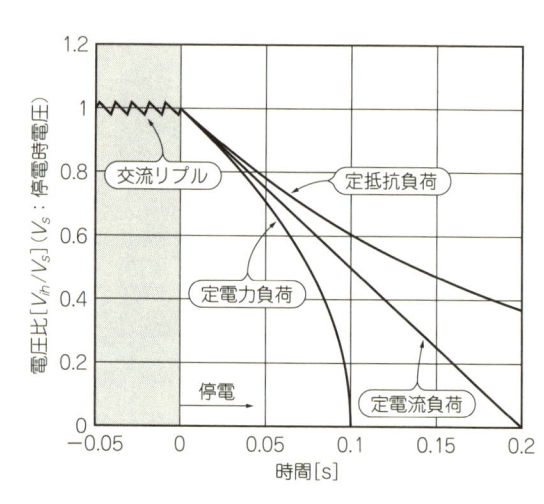

[図4-13]
コンデンサ入力型ブリッジ整流回路の平滑コンデンサ放電特性
C_i ＝2000μF，V_s ＝100V，初期電流1Aとしたときの電圧垂下特性

なお**定抵抗負荷**のときの放電特性は，整流・平滑出力電圧をV_{ih}とすると，

$$\frac{V_{ih}}{V_s} = \exp\left(-\frac{t}{C_i \cdot R_o}\right) \quad \cdots\cdots\cdots\cdots\cdots\cdots\cdots\cdots\cdots\cdots\cdots\cdots\cdots\cdots\cdots\cdots\cdots\cdots (4\text{-}4)$$

R_o：抵抗負荷の値
V_s：停電と判断するコンデンサ電圧（整流・平滑電圧）

定電流負荷のときの放電特性は，

$$\frac{V_{ih}}{V_s} = 1 - \frac{I_o \cdot t}{C_i \cdot V_s} \quad \cdots\cdots\cdots\cdots\cdots\cdots\cdots\cdots\cdots\cdots\cdots\cdots\cdots\cdots\cdots\cdots\cdots\cdots (4\text{-}5)$$

定電力負荷のときの放電特性は，

$$\frac{V_{ih}}{V_s} = \sqrt{1 - \frac{2 \cdot P_o \cdot t}{C_i \cdot V_s^2}} \quad \cdots\cdots\cdots\cdots\cdots\cdots\cdots\cdots\cdots\cdots\cdots\cdots\cdots\cdots\cdots (4\text{-}6)$$

で計算することができます．

● 平滑コンデンサC_iの概略値を求めるには

電源回路などで電源容量を簡易的に求めるには，負荷となる回路を等価的な抵抗R_oに置き換えます．**図4-14**をモデルとして，負荷となるスイッチング電源…コンバータの最低動作電圧と出力電力から，整流回路の等価的な負荷抵抗R_oを求めてみましょう．

整流回路の負荷は定電力特性なので，電圧が下がると負荷抵抗R_oは低下します．つまり，最低入力電圧：$V_{ih(\min)}$，コンバータの入力電力：P_oとすると，

$$R_o = \frac{V_{ih(\min)}^2}{P_o} \quad \cdots\cdots\cdots\cdots\cdots\cdots\cdots\cdots\cdots\cdots\cdots\cdots\cdots\cdots\cdots\cdots\cdots\cdots\cdots\cdots (4\text{-}7)$$

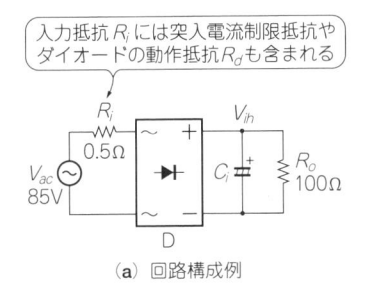

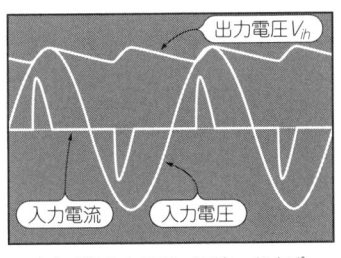

(a) 回路構成例

(b) AC入力電圧・電流，および出力電圧波形

[**図4-14**] コンデンサ入力型ブリッジ整流回路の計算モデル

4-3 コンデンサ入力型平滑回路の設計

たとえば入力電力P_o = 100Wとしたとき$V_{ih(\min)}$ = 60Vと仮定すると，

$$R_o = \frac{60^2}{100} = \frac{3600}{100} = 36 \ (\Omega)$$

等価的な負荷抵抗R_oは36Ωということです．

負荷抵抗R_oを求めたら，つぎに平滑コンデンサC_iの容量を決めます．平滑コンデンサの容量はおよそ$f \cdot C_i \cdot R_o$ > 1.5～2.0で計算できます．つまり，

$$C_i \geqq \frac{1.5 \sim 2.0}{f \cdot R_o} \quad \cdots\cdots\cdots\cdots\cdots\cdots\cdots\cdots\cdots\cdots\cdots\cdots\cdots\cdots\cdots\cdots (4\text{-}8)$$

$$= \frac{1.5 \sim 2.0}{50 \times 36} = \frac{1.5 \sim 2.0}{1800} = 833 \sim 1111 \ (\mu F)$$

となりますが，以下の事項もチェックします．
- 電解コンデンサのリプル許容電流を越えないこと
- 交流入力電圧の瞬時値が0のときでも，リプル電圧もふくめてコンバータの最低動作電圧を上まわり，かつ停電保持時間や瞬時停電補償時間がとれていること
- リプル電流とコンデンサ温度上昇からコンデンサ寿命が十分確保できていること
- 整流後のリプル電圧がコンバータに対して問題ないこと

以上が確認できたら，使用電圧からコンデンサの耐圧を決めて終了です．

● O.H.Schade[24]のグラフを援用すると詳細の数値が得られる

平滑コンデンサの容量は前述によって概略を求めることができますが，整流・平滑回路の電流-電圧特性の詳細を求めることはなかなか困難です．そこで実際には，図4-15に示すグラフを援用して計算します．以前からO.H.Schadeによって提案されたグラフを援用する例がありましたが，ここで示す例も同様のことをシミュレーションによって得たものです．

このグラフを使用することでコンデンサ入力型ブリッジ整流回路における平滑コンデンサC_i，AC入力周波数fと抵抗値に換算した負荷R_oに対する

(a) ブリッジ整流後の出力電圧V_{ih}
(b) AC入力電流の実効値I_{acrms}
(c) ブリッジ・ダイオードのピーク電流I_{dp}
(d) 出力リプルの実効値電圧V_{rrms}
(e) 出力リプルの p-p 電圧V_{rpp}
(f) 出力リプルのボトム電圧V_{cb}

(g) 整流・平滑回路の力率 PF
(h) ダイオードの導通角

を得ることができます．

● 図4-15グラフからの読み取り計算例

では図4-14に示した例で，最低入力電圧 $V_{ac(\min)}$ を85V，入力抵抗 R_i を0.5Ω，平滑コンデンサ C_i の容量を400μF，負荷抵抗 R_o を100Ωとするブリッジ整流回路の特性を実際に計算してみましょう．

なお，入力抵抗 R_i には多くの成分があります．ヒューズ・ホルダ，ヒューズの抵抗値，スイッチの抵抗値，コモン・モード・コイルの直流抵抗値，突入電流制限回路の抵抗値などのほかに，コンデンサ C_i の ESR（等価直列抵抗），整流ダイオードの動作抵抗 R_d も加えます．R_d は表4-2の例でも示していますが，ブリッジ・ダイオードなので値は2素子ぶん…2倍します．

図4-15のグラフ使用の前に，二つの定数を計算しておきます．

$R_i/R_o = 0.5/100 = 0.005$

$f \cdot C_i \cdot R_o = 50 \times 400 \times e-6 \times 100 = 2.00$

となります．

(1) はじめにブリッジ整流・平滑後の出力電圧 V_{ih} を求めます．図4-15(a)の横軸 $[f \cdot C_i \cdot R_o]$ の2.00と，$R_i/R_o = 0.005$ のグラフ交点から V_{ih}/V_{ac} を求めると，

$V_{ih}/V_{ac} = 1.28$

よって出力電圧 V_{ih} は，

$V_{ih} = V_{ac} \times 1.28 = 85 \times 1.28 = 109$V

となります．ただし，ダイオードには順方向電圧降下 V_f があるので，この分を出力電圧から引き算します．V_f を0.9Vとすると，ブリッジ・ダイオードでは2個分通過するので，出力電圧 $V_{ih} = 109$Vから引き算して107.2Vになります．以下，同様に求めます．

(2) AC入力電流の実効値 I_{acrms} を求めるには，図4-15(b)から，

$I_{acrms}/I_o = 2.30$

よって $I_o = V_{ih}/R_o = 109$V$/100$Ω $= 1.09$A

$I_{acrms} = 2.30 \times I_o = 2.30 \times 1.09 = 2.51$A

(3) ブリッジ・ダイオードのピーク電流 I_{dp} を求めるには，図4-15(c)から，

$I_{dp}/I_o = 6.98$，

よって $I_{dp} = 6.98 \times I_o = 6.98 \times 1.09 = 7.61$A

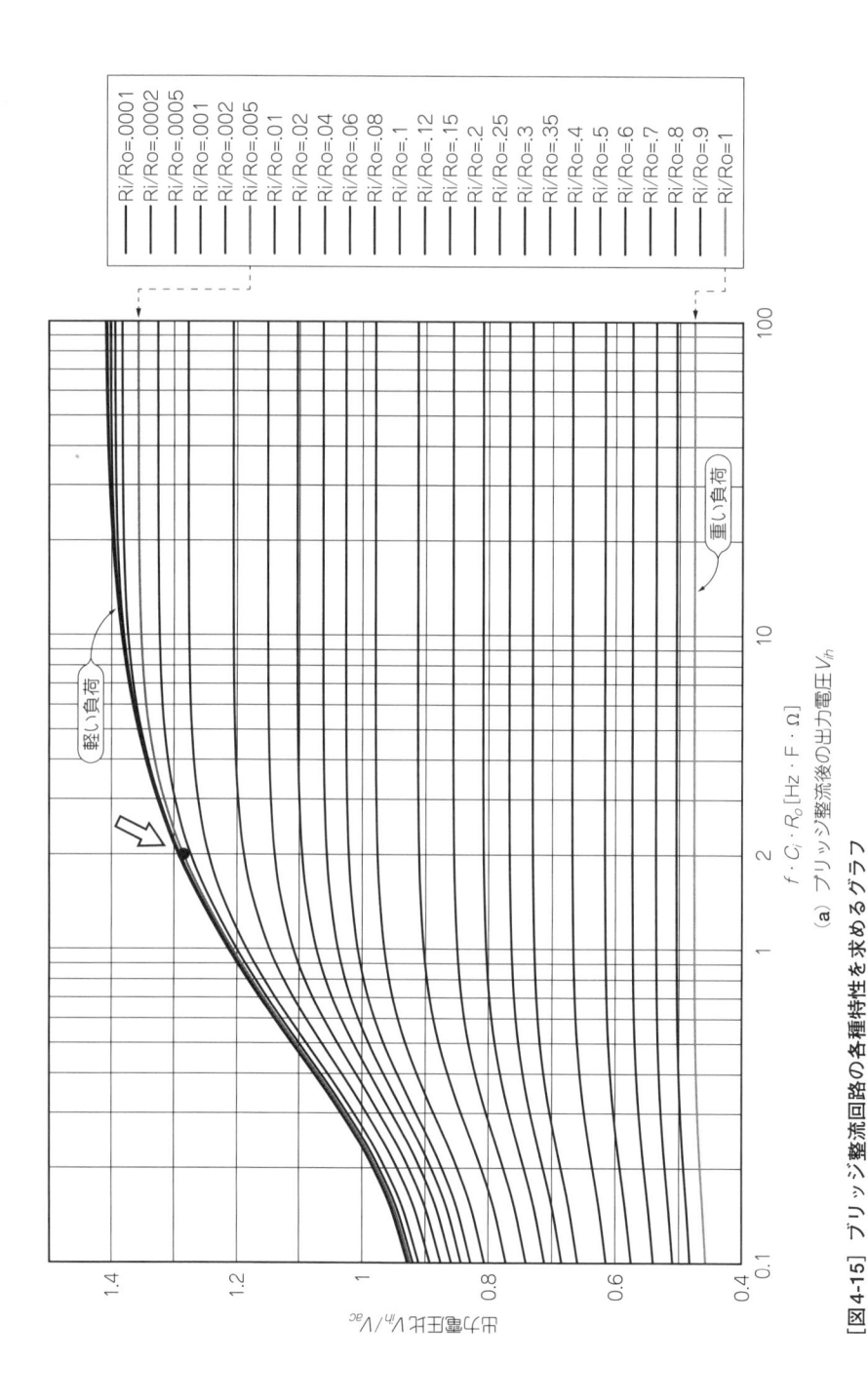

[図4-15] ブリッジ整流回路の各種特性を求めるグラフ

(a) ブリッジ整流後の出力電圧 V_{rh}

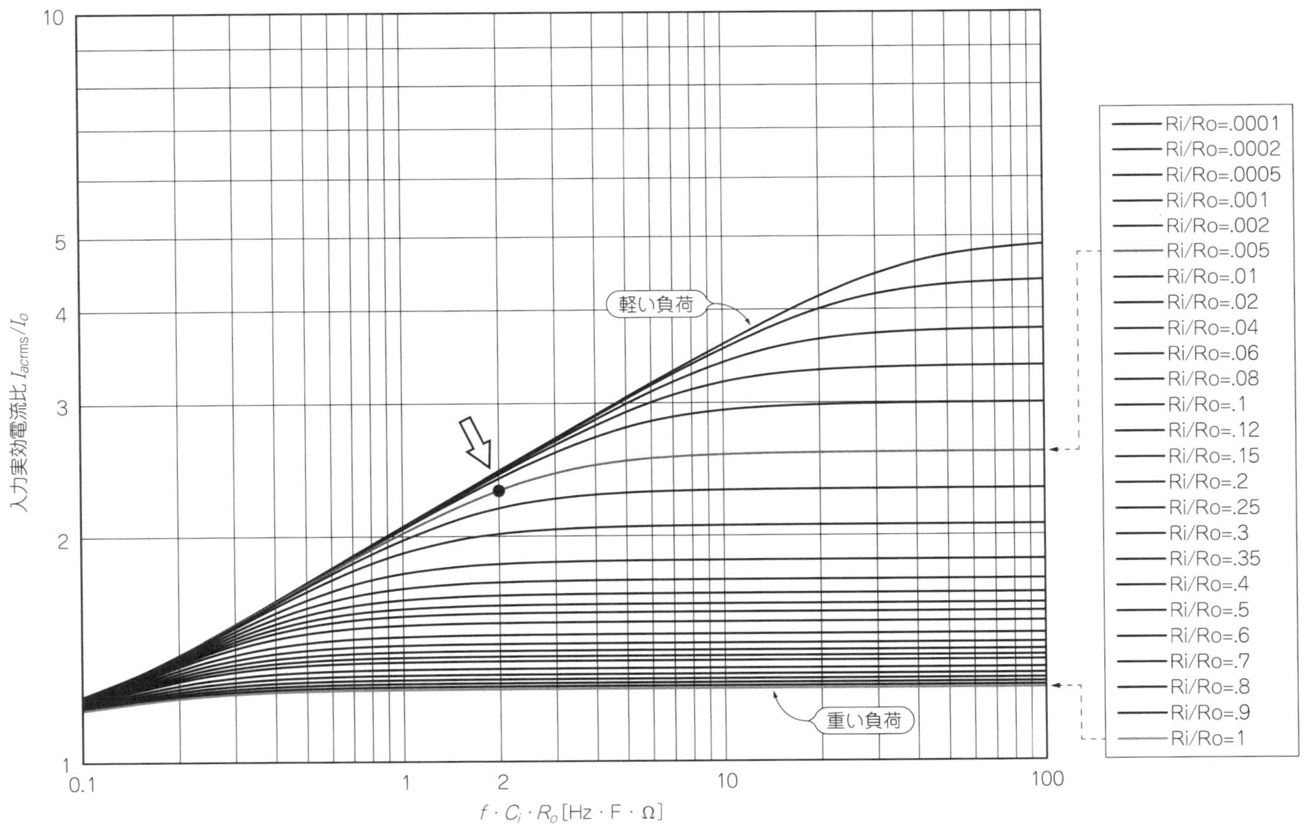

[図4-15] ブリッジ整流回路の各種特性を求めるグラフ（つづき）(b) AC入力電流の実効値 I_{acrms}

4-3 コンデンサ入力型平滑回路の設計

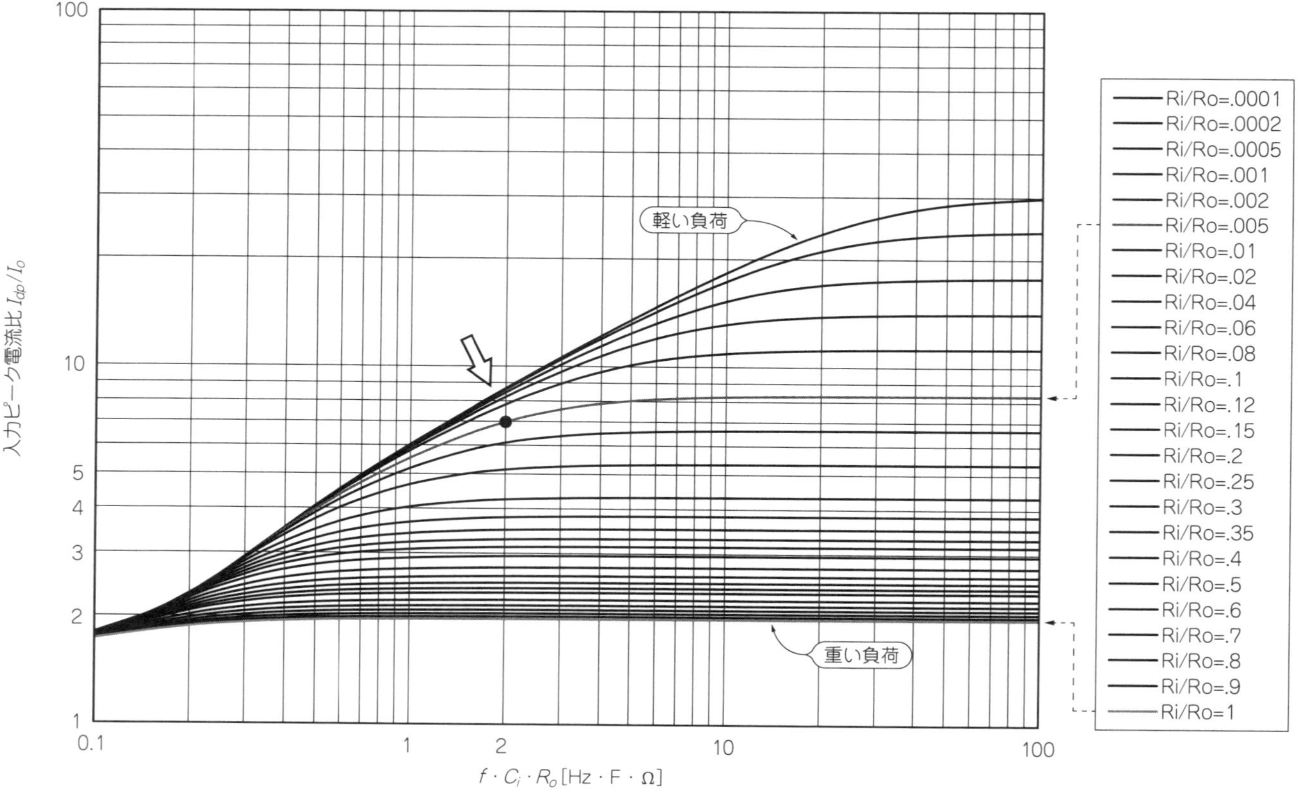

[図4-15] ブリッジ整流回路の各種特性を求めるグラフ(つづき)

(c) ブリッジ・ダイオードのピーク電流 I_{dp}

118　第4章　AC入力1次側 整流・平滑回路の設計

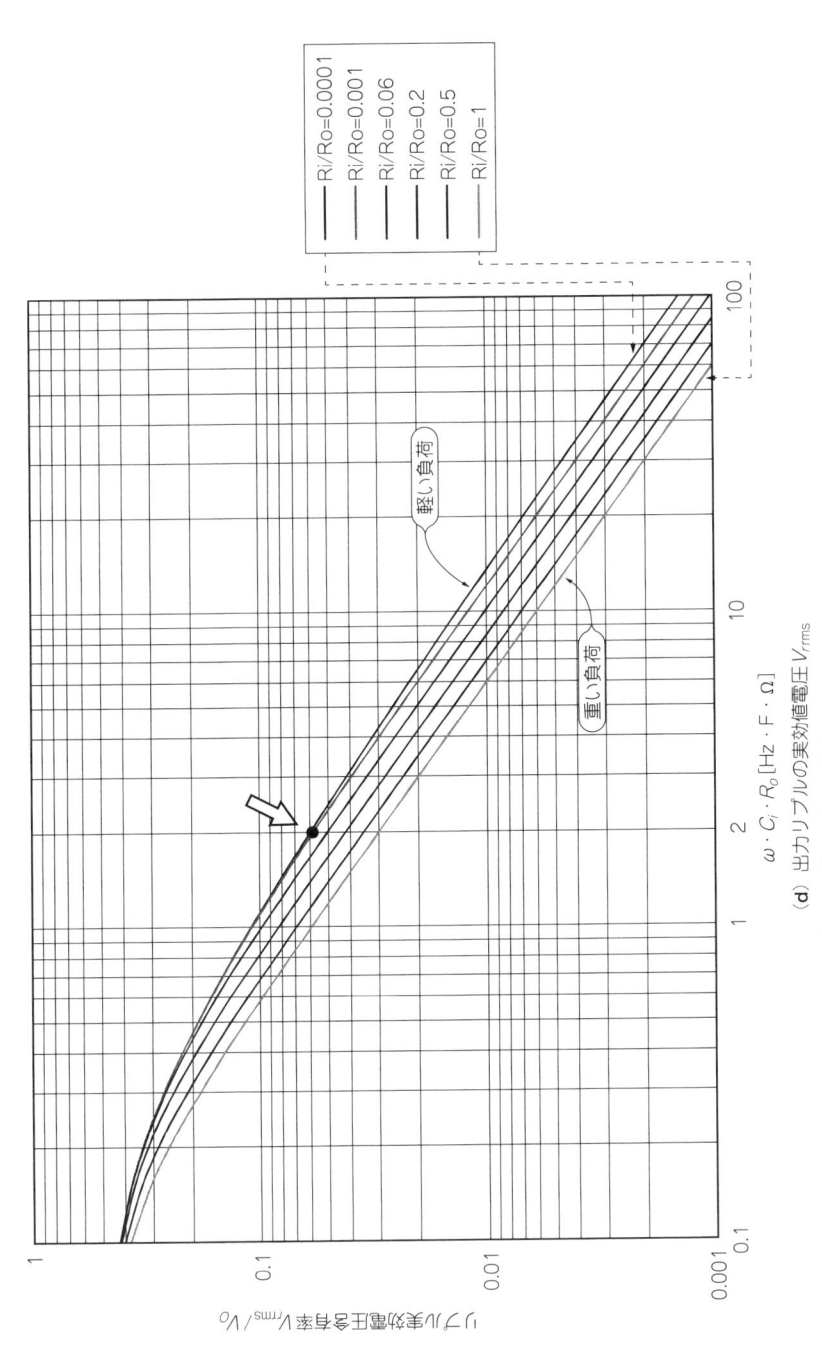

[図4-15] ブリッジ整流回路の各種特性を求めるグラフ(つづき)

(d) 出力リプルの実効値電圧 V_rms

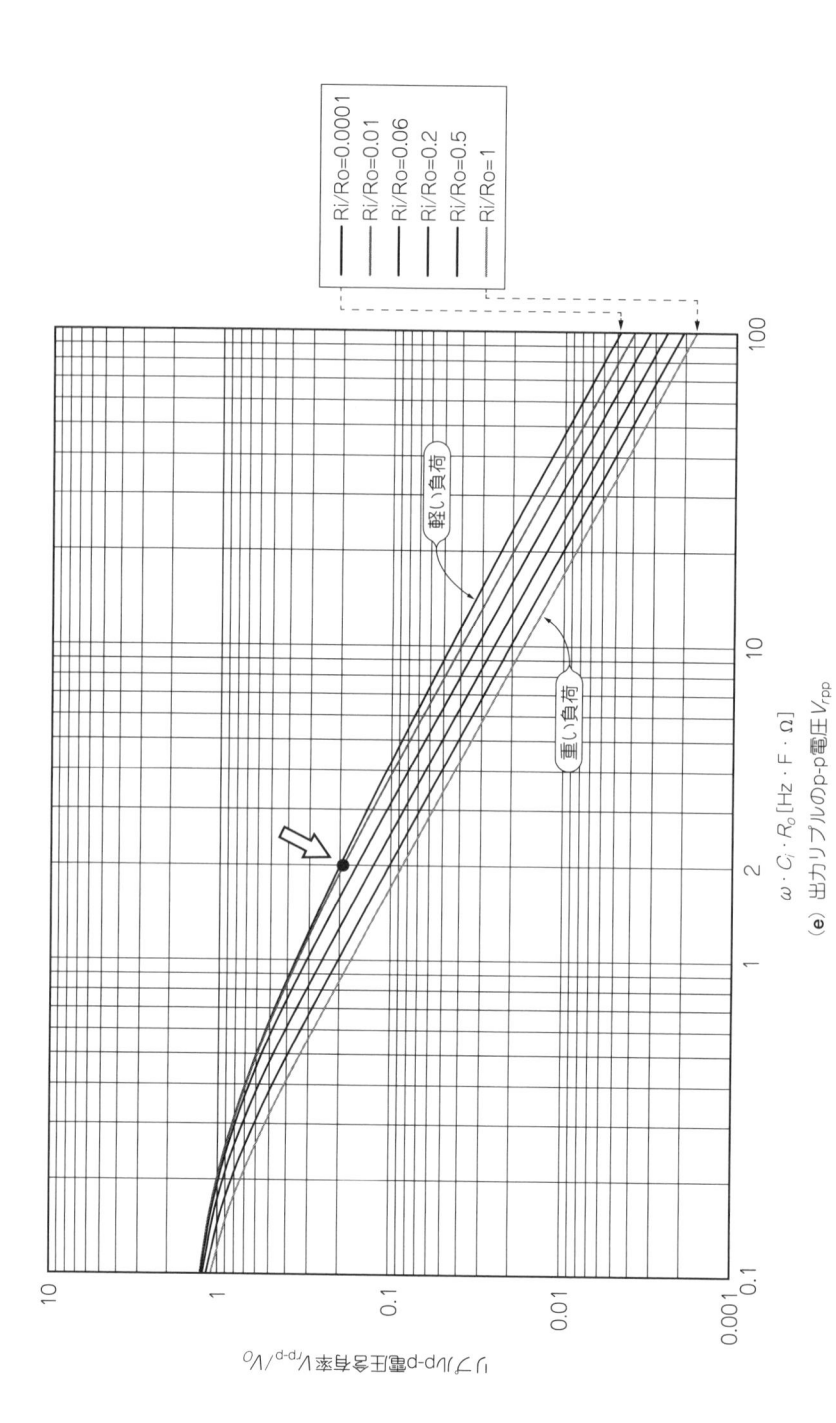

[図4-15] ブリッジ整流回路の各種特性を求めるグラフ（つづき）
(e) 出力リプルのp-p電圧 V_{rpp}

120　第4章　AC入力1次側 整流・平滑回路の設計

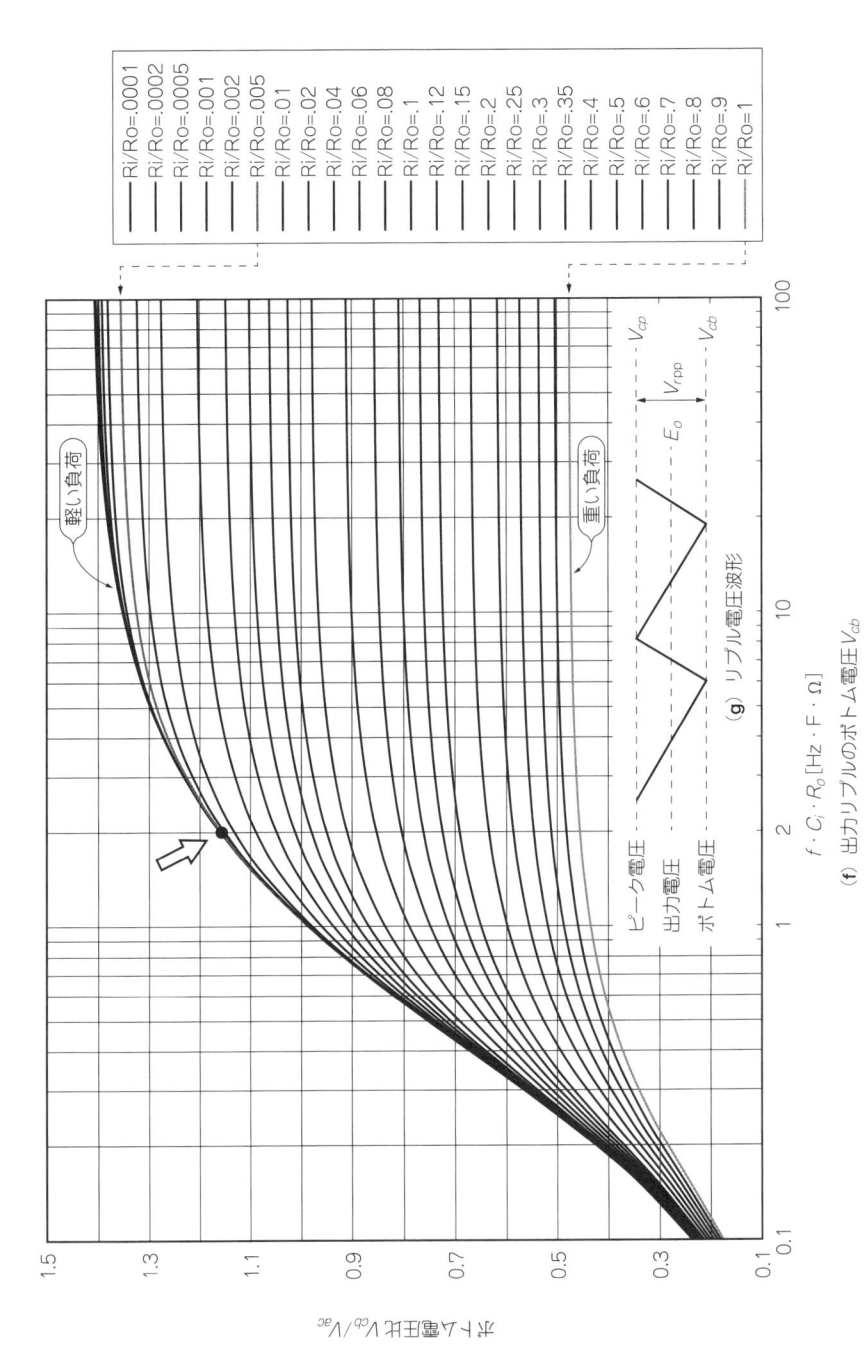

[図4-15] ブリッジ整流回路の各種特性を求めるグラフ（つづき）

(f) 出力リプルのボトム電圧 V_{cb}

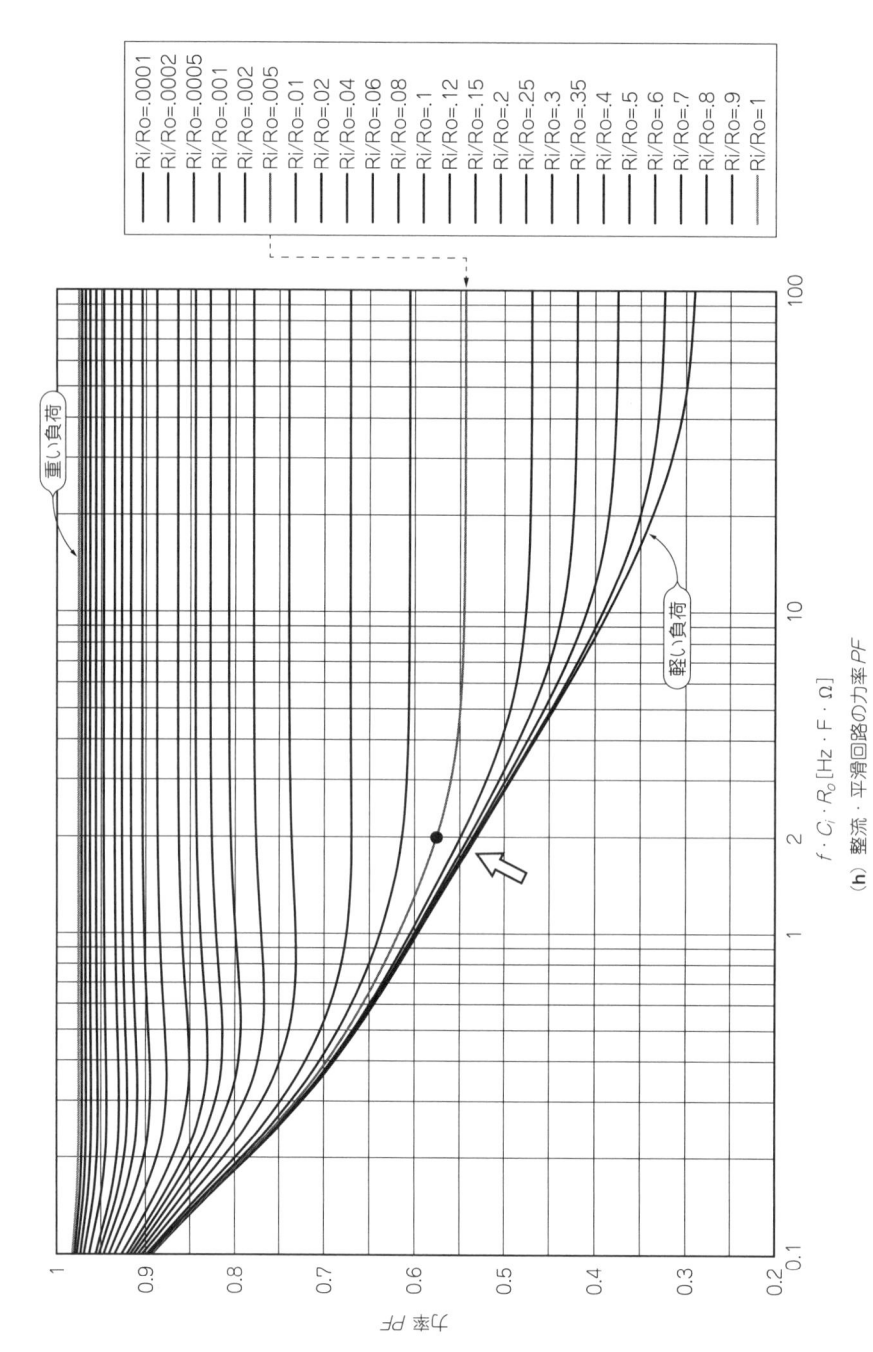

[図4-15] ブリッジ整流回路の各種特性を求めるグラフ（つづき）
(h) 整流・平滑回路の力率 PF

[図4-15] ブリッジ整流回路の各種特性を求めるグラフ(つづき)

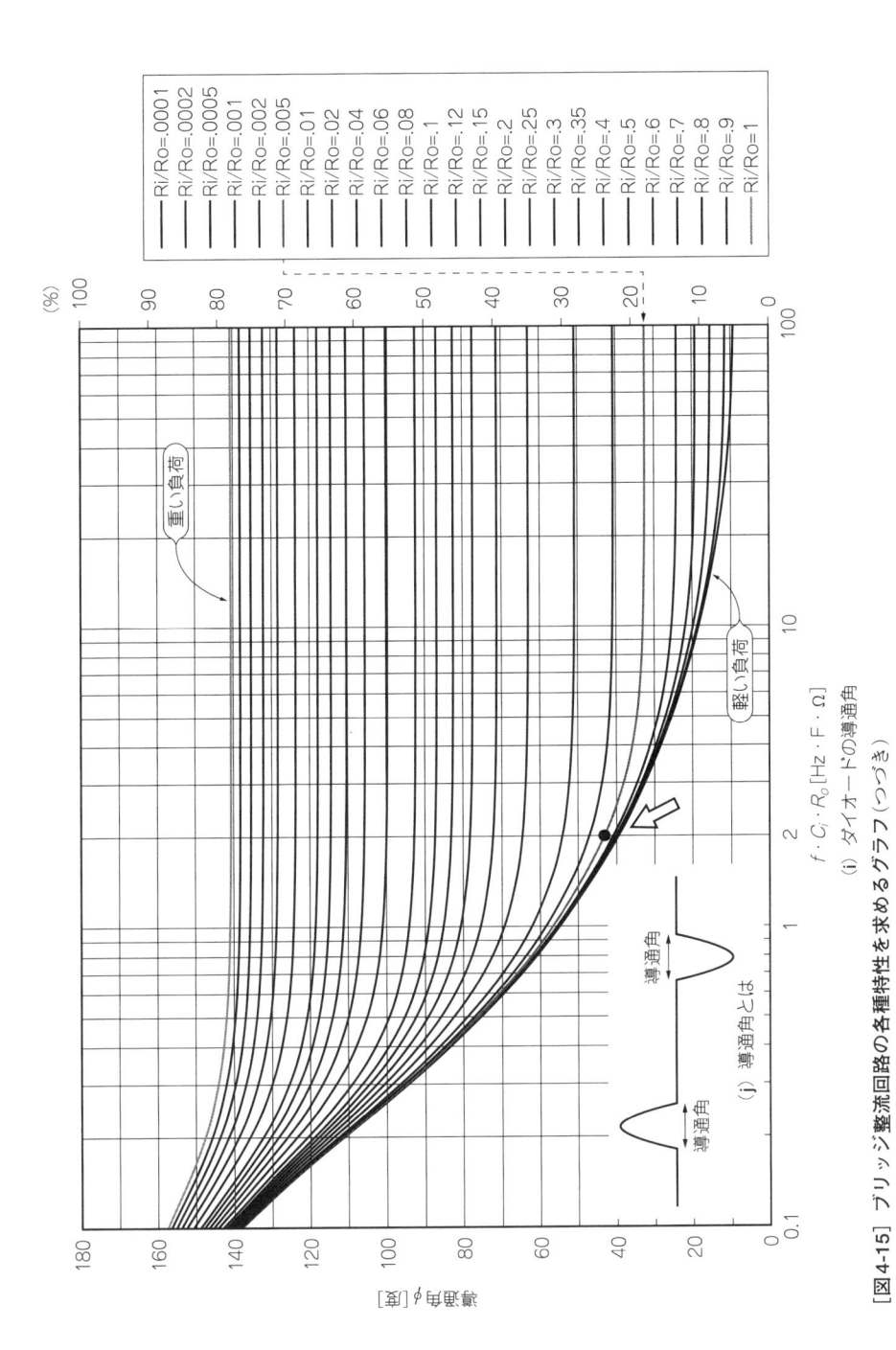

(4) 出力リプル実効電圧 V_{rrms} を求めるには，図4-15(d)から，
 $V_{rrms}/V_{ih} = 0.0589$，
 よってリプル電圧 $V_{rrms} = 0.0589 \times V_o = 0.0589 \times 109 = 6.42$V

(5) 出力リプル p-p 電圧 V_{rpp} を求めるには，図4-15(e)から，
 $V_{rpp}/V_{ih} = 0.192$，
 よってリプル電圧 $V_{rpp} = V_{ih} \times 0.192 = 109 \times 0.192 = 20.9$V

(6) 出力リプル・ボトム電圧 V_{cb} を求めるには，図4-15(f)から，
 $V_{cb}/V_{ac} = 1.157$，
 よって出力ボトム電圧 $V_{cb} = V_{ac(\min)} \times 1.157 = 85 \times 1.157 = 98.3$V

(7) 整流・平滑回路の力率 PF を求めるには，図4-15(h)から，
 $PF = 0.575$

(8) ダイオードの導通角を求めるには

AC波形($0 \sim 180°$)に対するダイオードの導通期間のことを，**導通角**と呼んでいます．負荷が軽ければ導通（コンデンサを充電）している期間は短く，負荷が重ければ導通している期間が長く，コンデンサを放電している期間が短く，結果としてリプル電圧が大きくなることが想像できます．図4-15(j)に導通角の定義を示します．

導通角は図4-15(i)の縦軸から直接求めます．この例では43°となっていますが，導通の割合で示すと17%ほどになります．

なお，ダイオードの実効電流 I_{drms} は AC 入力電流 I_{acrms} の $1/\sqrt{2}$ 倍です．つまり，

$$I_{drms} = \frac{1}{\sqrt{2}} \times I_{acrms} \quad \cdots\cdots (4\text{-}9)$$

$I_{drms} = 0.707 \times 2.51 = 1.77$A

ダイオードの平均電流 I_{dave} は全波整流なので出力電流 I_o の 1/2 倍です．つまり，

$$I_{dave} = \frac{1}{2} \times I_o \quad \cdots\cdots (4\text{-}10)$$

$I_{dave} = 0.5 \times 1.09 = 0.545$A

と求めることができます．

以上の結果から出力電圧 V_{ih} などを算出して，コンデンサの条件，出力最低電圧，場合によっては停電保証時間などをチェックし，修正して再計算を行います．

4-4　平滑回路の定数設計とアルミ電解コンデンサの選択

● アルミ電解コンデンサの決め方…まず耐電圧から

　AC入力を直接整流・平滑するときのアルミ電解コンデンサの選定では，耐電圧，使用温度，容量などに注意します．

　なお，アルミ電解コンデンサの耐電圧は，定格電圧を超えないかぎり大丈夫です．図4-16に示すように定格ぎりぎりでも寿命への影響がほとんどありません．国内使用ならば整流後のDC高電圧V_{ih}はDC100～154Vまたは163Vなので，コンデンサの定格電圧としては160Vから200Vのものを使用します．ワールド・ワイド仕様では，DC高電圧V_{ih}がDC100～375Vなので，400Vあるいは420V定格のものから選びます．

　アルミ電解コンデンサの使用温度範囲は，後述しますがコンデンサの寿命，ひいては商品の寿命(信頼性)と強く関連します．民生機器では使用温度max85℃品を使用することもありますが，**産業用機器などでは105℃品**の使用が一般的です．

　巻頭の口絵写真からもわかるように，平滑用電解コンデンサはパワー・スイッチング素子やスイッチング・トランスなど発熱部品の近くに配置されることが多いので，機器の使用環境温度よりも30～40℃ほど高温になってしまうことを忘れては

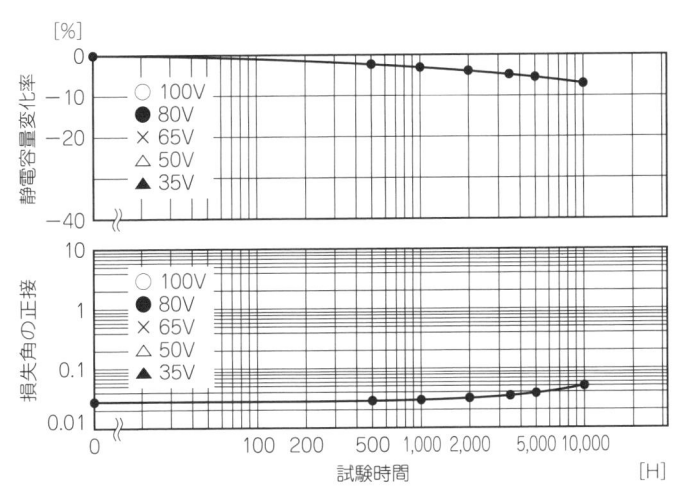

[図4-16]⁽²⁵⁾ 近年のアルミ電解コンデンサは定格電圧まで使用してもかまわない
印加電圧による差異が少ないため，データ・プロットは重なっている

[表4-3][25] スイッチング電源AC入力平滑用電解コンデンサ・シリーズ[日本ケミコン(株)]の一例

形状	特性	85℃		105℃			
		標準品	長寿命品	標準品	小型品	長寿命品	
リード形	シリーズ名 耐久性 定格電圧			KMQ 2000H 160〜450V	PAG 2000H 200〜450V	KXG 8000/1000H 160〜450V	KXJ 8000〜12000H 160〜500V
基板自立形	シリーズ名 耐久性 定格電圧	SMQ 2000H 6.3〜450V	SMM 3000H 160〜450V	KMQ 2000H 6.3〜450V	KMR 2000H 160〜450V	LXS 5000H 160〜500V	LXM 7000H 160〜450V

いけません．近年は最高使用温度125℃という電解コンデンサも登場していますが，これらは車載用を意識しているようです．

表4-3に日本ケミコン(株)における，AC入力整流・平滑用アルミ電解コンデンサのおもなシリーズを示しておきます．アルミ電解コンデンサもほかの部品と同じく日々改良が行われ，小型・高性能化が図られています．示したものは一例としてご覧ください．

● 平滑コンデンサの容量…(1)リプル電圧 V_{rpp} から検討する

図4-17にブリッジ整流…全波整流回路における出力電圧波形と，リプル電圧の発生要因を示します．リプル電圧波形を見ると，ダイオードが導通してコンデンサを充電している期間と，ダイオードがOFFしていてコンデンサからエネルギーを放電している期間があることがわかります．そして，負荷が軽ければダイオードの導通している期間が短く，負荷が重ければ導通期間が長く，結果としてリプル電圧が大きくなることが想像できます．

平滑回路ではリプル電圧 V_{rpp} をどのくらいに設定するかが一つのポイントです．負荷を一定とすると，平滑コンデンサ C_i から負荷に流れる電流は一定です．ですから C_i の容量を大きくするとリプル電圧は小さくなります．しかし，C_i を大きくすることはコスト上昇と実装スペースの増大に直結します．

リプル電圧は，**リプル・ボトム電圧** V_{cb} と関連します．リプル・ボトム電圧は，後段につながるコンバータの**最低動作電圧**になります．いわゆるリニア電源では最低動作電圧をどれだけ維持できるかが，安定な電源回路につながりますが，スイッチング電源では最低動作電圧には案外余裕があります．

リプル電圧 V_{rpp}（ピーク-ピーク）は，**図4-15**(e)から求められますが，以下の近似式でも求めることができます．ダイオードの導通角を D_{ca} とすると，

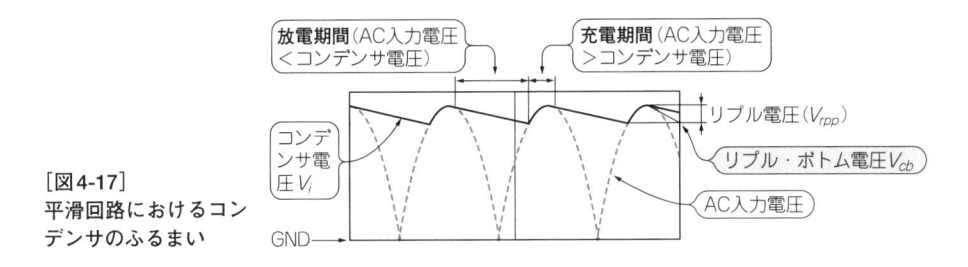

[図4-17] 平滑回路におけるコンデンサのふるまい

$$V_{rpp} = \frac{(1-D_{ca}) \cdot V_{ih} \cdot I_o}{2\sqrt{2} \cdot f \cdot C_i \cdot V_{ac}} \quad [\text{Vpp}] \quad \cdots\cdots (4\text{-}11)$$

となります．ここで**リプル率**をK_{rpp}とすると，

$$K_{rpp} = \frac{V_{rpp}}{V_{ih}} \times 100 \quad [\%] \quad \cdots\cdots (4\text{-}12)$$

リプル率K_{rpp}は小さいほうが良いのですが，経験的には10%くらいでも大丈夫です．そして(4-11)式と(4-12)式からC_iを求めると，

$$C_i = \frac{(1-D_{ca}) \cdot I_o}{2\sqrt{2} \cdot f \cdot V_{ac} \cdot K_{rpp}} \quad [\text{F}] \quad \cdots\cdots (4\text{-}13)$$

先の図4-15(e)に準じてダイオードの導通角D_{ca}の割合を17%とすると，

$$V_{rpp} = \frac{(1-0.17) \cdot V_{ih} \cdot I_o}{2.82 \cdot f \cdot C_i \cdot V_{ac}} \fallingdotseq \frac{0.29 \cdot V_{ih} \cdot I_o}{f \cdot C_i \cdot V_{ac}} \quad [\text{Vpp}]$$

これよりC_iの値は，リプル率$K_{rpp} = (V_{rpp}/V_{ih})$とすると，

$$C_i \fallingdotseq \frac{0.29 \cdot I_o}{K_{rpp} \cdot f \cdot V_{ac}} \quad [\text{F}]$$

たとえば国内使用の100W電源($\eta = 85\%$)なら，$V_{ih} \fallingdotseq 130\text{V}$，$I_o = P_o/\eta/V_{ih} \fallingdotseq 100/0.85/130 = 0.904\text{A}$ですから，10%のリプル率を目標とするなら，

$$C_i = \frac{0.29 \times 0.904}{0.1 \cdot 50 \cdot 100} = 0.000524 = 524 \quad [\mu\text{F}]$$

と求めることができます．

表4-4に小型・長寿命をうたっている電解コンデンサKXJシリーズの中から，200Vおよび400V品の定格品を示しておきます．200V定格品では560μF，400V定格品では220μFが最大容量ですから，より大きな容量を必要とするときは並列使いか別タイプのものから選ぶことになります．

計算例における選択では，リプル電流の制約から270μF×2個（並列）・200Vを

4-4 平滑回路の定数設計とアルミ電解コンデンサの選択

[表4-4][25] 小型・長寿命アルミ電解コンデンサ KXJ シリーズから

容量 (μF)	ケース・サイズ ϕD×L(mm)	定格(注2) リプル電流 (mArms)
27	10 × 16	200
47	10 × 20	290
56	10 × 25	345
68	10 × 30	405
82	12.5 × 20	520
100	10 × 35	520
100	12.5 × 25	625
100	14.5 × 20	615
120	10 × 40	595
120	10 × 45	620
120	12.5 × 30	725
120	16 × 20	695
150	10 × 50	720
150	12.5 × 35	860
150	14.5 × 25	810
180	14.5 × 31.5	955
180	16 × 25	925
180	18 × 20	895
220	12.5 × 40	1075
220	12.5 × 45	1110
220	14.5 × 35.5	1095
220	18 × 25	1050
270	12.5 × 50	1265
270	14.5 × 40	1250
270	14.5 × 45	1290
270	16 × 31.5	1220
270	16 × 35.5	1250
330	14.5 × 50	1450
330	16 × 40	1425
330	18 × 31.5	1395
390	16 × 45	1575
390	18 × 35.5	1565
470	16 × 50	1755
470	18 × 40	1745
470	18 × 45	1770
560	18 × 50	1945

(a) WV = 200V

(注1) $\tan\delta = 0.20$
(注2) 105℃, 120Hz

容量 (μF)	ケース・サイズ ϕD×L(mm)	定格(注2) リプル電流 (mArms)
10	10 × 16	125
18	10 × 20	180
22	10 × 25	215
27	10 × 30	255
27	12.5 × 20	300
33	10 × 35	300
39	10 × 40	340
39	10 × 45	355
39	12.5 × 25	390
39	14.5 × 20	385
47	12.5 × 30	455
47	16 × 20	435
56	10 × 50	440
56	12.5 × 35	525
56	14.5 × 25	495
56	18 × 20	500
68	12.5 × 40	600
68	14.5 × 31.5	585
68	16 × 25	570
82	12.5 × 45	680
82	12.5 × 50	700
82	14.5 × 35.5	670
82	16 × 31.5	670
82	18 × 25	640
100	14.5 × 40	760
100	14.5 × 45	785
100	16 × 35.5	760
120	14.5 × 50	875
120	16 × 40	860
120	16 × 45	875
120	18 × 31.5	840
120	18 × 35.5	870
150	16 × 50	995
150	18 × 40	985
180	18 × 45	1095
220	18 × 50	1220

(b) WV = 400V

(注3) $\tan\delta = 0.24$

選択します．50W電源なら$C_i = 262\mu F$となるので，$270\mu F \cdot 200V$を選択することになります．ただし，コンデンサの選択ではもう一つ大事なポイントがあります．次項で述べる停電保持時間です．

整流・平滑回路におけるコンデンサの容量をきちんと求めるのはやや難解ですが，前述の図4-15によるO.H.Schadeのグラフを使用したり，経験を重ねることによりコツがつかめるようになります．

● 平滑コンデンサの容量…(2)停電保持時間から検討する

整流回路の構成から想像できるように，スイッチング電源ではAC電源が停止…停電してからでも少しの時間は出力電圧V_oを保つことができます．大容量の平滑コンデンサC_iがあるからです．そこで直流出力の停電保持時間を長くしたいときは，C_iを大容量にすることになります．マイコンを内蔵したディジタル機器などにおいては，仕様として停電保持時間 = 20〜30msを要求されることがあります．逆にいうと，この停電保持時間から平滑コンデンサC_iの値を決定することがあります．

停電保持時間を考えるときの回路モデルと，停電が生じたときのシーケンスは図4-18のようになります．整流回路からみた負荷はスイッチング電源ですから，これは定電力特性の負荷と考えます．停電になると電源出力は，C_iに蓄まっていたエ

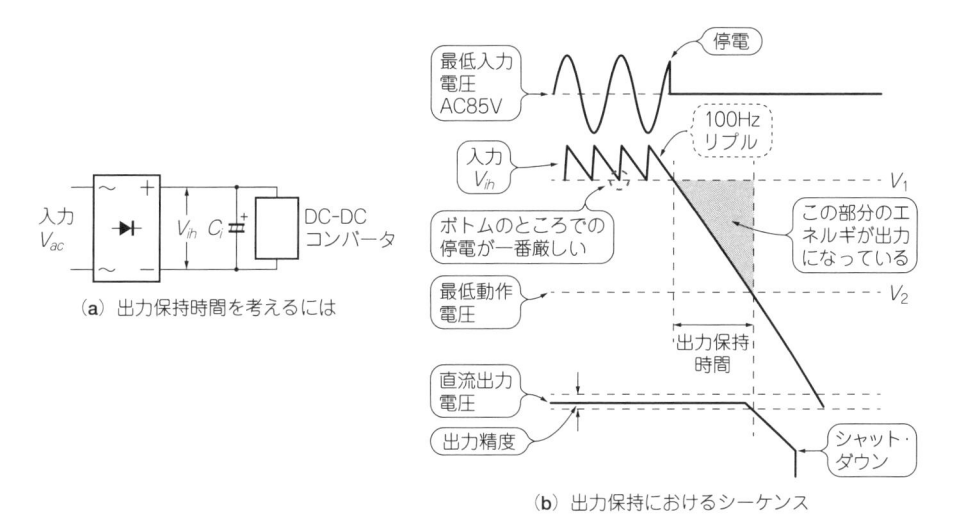

[図4-18] スイッチング電源停電時の出力保持と時間シーケンス

4-4 平滑回路の定数設計とアルミ電解コンデンサの選択

ネルギーによって，短時間ですが電圧を保ちます．このとき停電保持時間には，二つの定義があります．
(1) 定格入力時と同じく，出力は一定時間，実負荷を駆動するための停電保持時間
(2) 定格入力時と同じ動作はあきらめるが，マイコン（パソコンも）などにおける動作情報だけはすべてメモリに退避…バックアップするための停電保持時間

があります．後者は，停電の検出により**スタンバイ動作モード**に入ることになります．

前者では最大負荷で，AC入力電圧が最低のとき平滑コンデンサC_iにおける出力リプル電圧の最低電圧V_1になったとき停電になるのが最悪なので，この条件で出力を保てる最低動作電圧V_2までの時間T_sを計算します．

スイッチング電源における**最低動作電圧V_2**は，国内100V仕様のものでは回路方式によらず，一般には60～70Vと考えておけばよいでしょう．

停電時に放電されるコンデンサC_iからのエネルギーJ_uは，以下から計算できます．

$$J_u = \frac{1}{2} \cdot C_i \cdot (V_1^2 - V_2^2) \quad \text{(Joule)} \quad \cdots\cdots (4\text{-}14)$$

ただし，V_1：停電時の直流供給電圧
　　　　V_2：スイッチング電源の最低動作入力電圧

求める停電保持時間＝出力保持時間をT_sとすると，

$$J_u = \frac{P_o}{\eta} \cdot T_s \quad \text{(Joule)} \quad \cdots\cdots (4\text{-}15)$$

ただし，η：コンバータの変換効率
　　　　P_o：スイッチング電源の出力電力(W)

となるので，

$$T_s = \frac{\eta \cdot C_i \cdot (V_1^2 - V_2^2)}{2 P_o} \quad \text{(s)} \quad \cdots\cdots (4\text{-}16)$$

あるいは，

$$C_i = \frac{2 \cdot P_o \cdot T_s}{\eta \cdot (V_1^2 - V_2^2)} \quad \text{(F)} \quad \cdots\cdots (4\text{-}17)$$

また，スイッチング電源の最低動作電圧V_2は

$$V_2 = \sqrt{V_1^2 - \frac{2 \cdot P_o \cdot T_s}{\eta \cdot C_i}} \quad \text{(V)} \quad \cdots\cdots (4\text{-}18)$$

となります．

● **20msの停電保持を期待するときのコンデンサ容量**

具体的に数値をあてはめて，平滑コンデンサC_iの容量を求めてみましょう．たとえば出力100W，変換効率90％のスイッチング電源において停電保持時間20msを期待するためには，スイッチング電源の整流段リプル・ボトム電圧V_1 = 120V，最低電圧入力電圧V_2を80Vとすると，

$$C_i = \frac{2 \cdot 100 \cdot 20 \times 10^{-3}}{0.9 \cdot (120^2 - 80^2)} = \frac{4}{7200} = 555 \times 10^{-6} = 555\,\mu F$$

となります．つまり，C_i = 555μF以上のコンデンサを用意すれば良いことになり，具体的には560μF・200Vの電解コンデンサを採用することになります．

なお，コンバータ入力電圧V_i（= 整流回路出力電圧）には（商用周波数が50Hzの場合）100Hzのリプル電圧が含まれているので，そのボトム電圧V_1から出力保持時間を計算します．したがって最低入力電圧のときでもリプル電圧の高いときに停電すると，出力保持時間が長くなります．また出力保持時間の測定はAC電源の位相によって変化するので，いろいろな位相で何回もON/OFFさせて測定する必要があります．

瞬時停電補償（瞬停補償）時間は，瞬時停電しても出力電圧の変動を定格内で保持できる時間です．瞬時停電補償時間は出力保持時間内に電源が回復したときの位相によって，直流電圧の立ち上がりが半サイクル遅れるのでおよそ「**出力保持時間－半サイクル**（10ms）」が瞬時停電補償時間になります．そして，電源がロックされて停止しないことが条件です．

● **平滑コンデンサを流れるリプル電流による発熱への考慮**

先の図4-17に示したように平滑コンデンサにおいては，

- 充電電流が流れるとき…印加電圧V_{ih}＞コンデンサの充電電圧
- 放電電流が流れるとき…印加電圧V_{ih}＜コンデンサの充電電圧

という状態を繰り返します．ブリッジ整流においては，この周波数が商用周波数の倍…100Hzあるいは120Hzで繰り返されることになります．このときの充放電電流を**リプル電流**と呼んでいます．

ところがスイッチング電源における平滑コンデンサでは，じつは図4-19に示すように，商用周波数とスイッチング電源におけるスイッチング周波数の両方の電流が流れます．つまり，平滑コンデンサC_iを流れる等価実効電流I_{crms}は，

$$I_{crms} = \sqrt{\left(\frac{I_{rms50}}{F_{50}}\right)^2 + \left(\frac{I_{rmssw}}{F_{sw}}\right)^2} \quad \cdots\cdots\cdots\cdots\cdots (4\text{-}19)$$

(a) 平滑コンデンサに流れるリプル電流　　　　　　　　(b) 電流波形

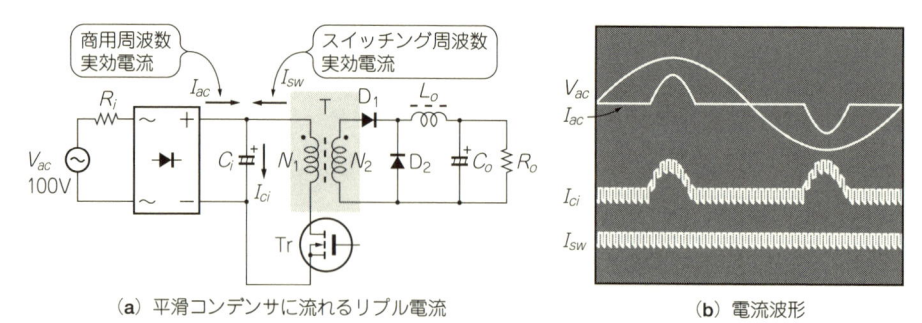

[図4-19] スイッチング電源のAC入力側平滑コンデンサに流れるリプル電流

Column (8)

停電信号の発生

　マイコンを内蔵するディジタル機器(パソコンも)などでは停電に遭遇すると，多くはマイコン(パソコン)がシャット・ダウンする前に，停電以前の各種データをメモリに退避させる仕組みになっています．したがって，停電になったことを正しく検知することがとても重要で，電源回路には停電を検出し，停電信号を発生させることを要求されることがあります．

　図4-Aに示すのはフライバック・コンバータにおける停電検出回路の一例です．停電検出信号は入力段平滑コンデンサC_iの電圧V_iが，正常な値より低下(＝停電)したことをマイコンに通知します．C_iの電圧V_iが停電検出レベルV_L以下になったとき停電検出信号を出し，V_iがフライバック・コンバータの最低動作電圧V_2にいたる前に，マイコンはメモリへのデータ退避処理を行います．停電を検出する場所は，直接1次側平滑コンデンサC_iの電圧V_iを検出したり，コンバータの2次側で入力電圧V_iに比例した電圧を検出して，停電信号とします．

　停電検出はAC入力の1次側で検出するほうが正確ですが，信号を絶縁することはコスト増につながることから，スイッチング・トランスの2次側巻き線から間接的に検出することが多いようです．図4-Aの例では，コンバータの入力電圧である平滑コンデンサC_iの電圧と2次側コンデンサC_2の電圧がトランスの巻き数比(n_1：n_2)に比例していることを利用しています．C_2の電圧V_{c2}をトランジスタTr_2で検出し，停電検出信号を生成するようになっています．停電検出信号は正常時 Hで，停電が発生するとL信号に変化します．

　したがって，AC入力電圧が高いときは停電が起きても停電発生信号が出るのに時間がかかりますが，AC入力電圧が低いときには停電が起きると停電発生信号はすぐに出ます．

ここで I_{crms50}：商用周波数での実効電流
　　　F_{50}：商用周波数での周波数補正係数…ブリッジ整流のときは100/120Hz
　　　I_{crmssw}：スイッチング周波数の実効電流
　　　F_{sw}：スイッチング周波数での周波数補正係数

このため使用するコンデンサには，個別に定格リプル電流周波数補正係数が示されています．表4-5にKXJシリーズ・コンデンサの補正係数を示します．

図4-20に示すのは，コンデンサの等価回路です．リプル電流がこの等価回路を流れることによって，コンデンサは自己発熱を起こし，これがコンデンサの寿命に

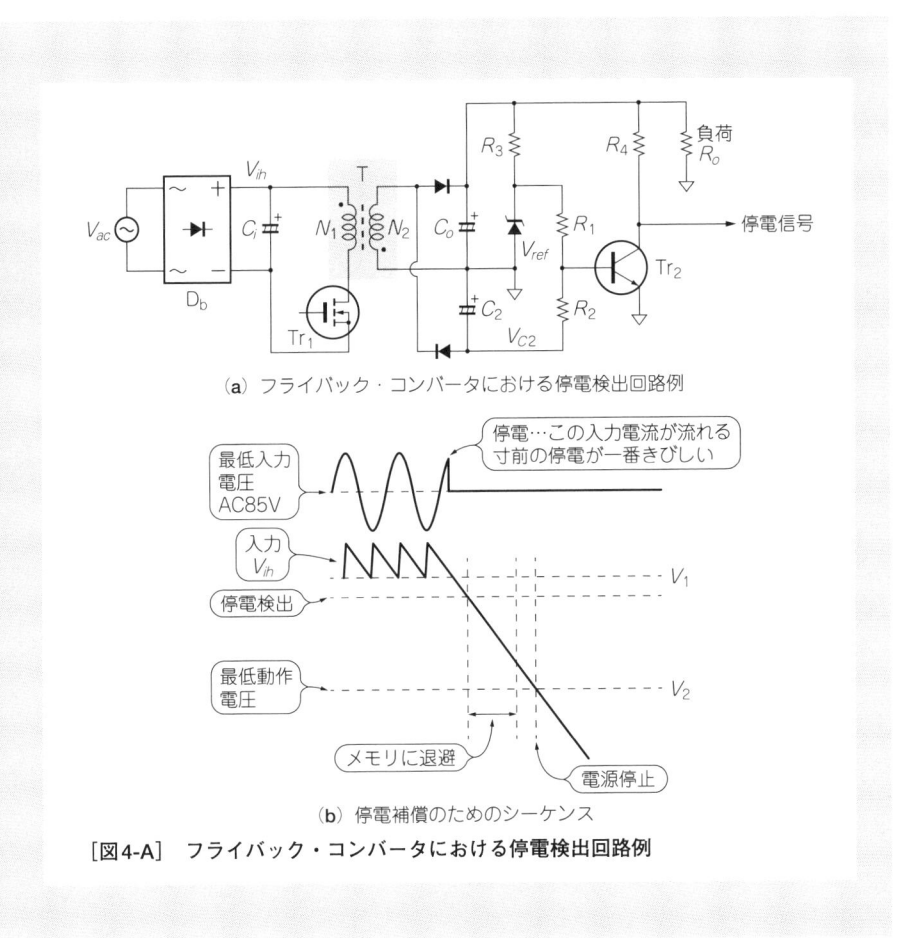

(a) フライバック・コンバータにおける停電検出回路例

(b) 停電補償のためのシーケンス

[図4-A]　フライバック・コンバータにおける停電検出回路例

4-4 平滑回路の定数設計とアルミ電解コンデンサの選択　133

[表4-5][25] **KXJシリーズ・電解コンデンサにおけるリプル電流の周波数補正係数**

容量(μF)	周波数(Hz)			
	120	1k	10k	100k
6.8～82	1.00	1.75	2.25	2.50
100～680	1.00	1.67	2.05	2.25

(a) 160～450VDC

容量(μF)	周波数(Hz)			
	120	1k	10k	100k
6.8～22	1.00	1.78	2.30	2.59
27～39	1.00	1.75	2.25	2.50

(b) 500VDC

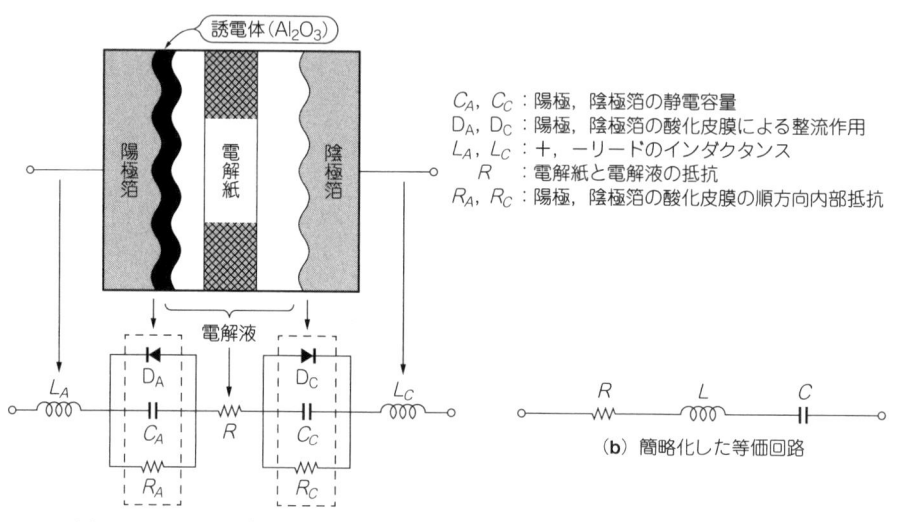

C_A, C_C：陽極，陰極箔の静電容量
D_A, D_C：陽極，陰極箔の酸化皮膜による整流作用
L_A, L_C：＋，－リードのインダクタンス
R：電解紙と電解液の抵抗
R_A, R_C：陽極，陰極箔の酸化皮膜の順方向内部抵抗

(a) アルミ電解コンデンサの等価回路

(b) 簡略化した等価回路

[図4-20][25] **アルミ電解コンデンサの等価回路**

対して大きな影響をおよぼします．

実際に計算してみましょう．先の例と同じく100W電源において，I_{crms50} = 0.8A (100Hz)，I_{rmssw} = 0.8A (20kHz)とすると，I_{rms50}の周波数に対する補正は1.0，I_{rmssw}の周波数に対する補正はf = 100kHzとすると2.25なので，リプル電流I_{crms}は，

$$I_{crms} = \sqrt{0.8^2 + (0.8/2.25)^2} = \sqrt{0.64 + 0.1225} = 0.87 \text{ (A)}$$

となり，使用するコンデンサには0.87A以上のリプル許容電流が必要になります．先に選んだ470μF・200VのコンデンサC_iのリプル許容電流は**表4-3**より1.74Aですから，もちろんOKとなります．

スイッチング電源では小型化のために，平滑用コンデンサの小型化が要求されています．したがって，コンデンサのリプル許容電流定格を満たす範囲において，小型化のためにコンデンサの容量を小さくする方向に設計する例も多く見られます．

● **アルミ電解コンデンサには寿命がある…10℃・2倍則**

　平滑回路に使用するコンデンサは高耐圧・大容量であることが求められるため，一般にはアルミ電解コンデンサが使用されます．ところが，このコンデンサには内部に電解液が封入されており，**電解液には蒸発**があります．この蒸発は周囲温度によって変化します．電解液がなくなると静電容量が減少します．つまり使用環境によって，コンデンサの寿命が変化するのです．

　先の**表4-3**で示したKXJシリーズは，長寿命をうたった電解コンデンサで，105℃・10,000時間が保障されています．10,000時間というと，24時間連続使用が常識の産業機器においては，(10000/24)≒416日，なんと1年半ももたないということになりそうですが，そうではありません．アルミ電解コンデンサの寿命を推測するときは，温度が10℃変化すると2倍になる…（10℃・2倍則）とも呼ばれる**アレニウス則**と呼ぶ以下の計算式を使います．コンデンサの寿命をL_cとすると，

$$L_c = L_o \times B_t^{[(T_o - T_c)/10]} \quad \cdots\cdots\cdots (4\text{-}20)$$

　　L_c：温度T_cでの推定寿命[H]，　　L_o：規定温度T_oでの寿命[H]
　　T_o：寿命を規定する温度[℃]，　　T_c：コンデンサの使用環境温度
　　B_t：温度加速係数

ポイントはコンデンサの使用環境温度が何度になるかという点です．たとえばコンデンサの使用温度が周囲温度より35°高く，かつ平均周囲温度が30℃であるならコンデンサの平均温度は65℃．そして60〜95℃における温度加速係数B_tは約2となるので，

$$L_c = 10{,}000 \times 2^{[(105-65)/10]} = 10{,}000 \times 2^4 = 16 万時間 ≒ 18年$$

ということで，寿命的にも安心な選択となります．産業用機器においては，ふつう最低でも**10万時間の寿命**が要求されています．

スイッチング電源[1] AC入力 1次側の設計

第5章 突入電流制限回路の設計

電源回路の設計において，電源投入時に流れる突入電流…
ラッシュ電流の問題を無視するわけにはいきません．
複数の電子機器の電源が同時に投入され，ブレーカが飛んだ…
という話が跡を絶ちません．

5-1 突入電流制限への工夫と設計法

● AC電源が投入されるときの課題…突入電流

スイッチング電源では，AC入力部整流回路に平滑用大容量コンデンサC_iが入っています．この平滑コンデンサは電源投入前には放電されているので，AC電源が投入されると整流ダイオードを通して定常電圧まで充電するとき大きな電流（＝充電電流）が流れ，そののち定常状態になります．この大きな電流のことを突入電流あるいはラッシュ電流と呼んでいます．

先の図2-14に示した電流波形は，突入電流を制限してないときスイッチング電源の入力段に流れる電流波形を示したものです．電源投入タイミングのACの位相にもよりますが，大きな突入電流が流れ，コンデンサが充電されるに従って入力電流は減少しますが，回路がスイッチング動作をはじめると再び電流が増加します．

突入電流への対策を持たないAC入力部においては，およそ次のような突入電流が流れることが推定できます．たとえば，AC電源のライン・インピーダンスを0.5Ω，ライン・フィルタの直流抵抗分を1Ωと仮定して，AC100Vの正弦波ピーク（位相が90°/270°）のタイミングで電源を投入すると，流れるピーク電流I_{ip}は，

$$I_{ip} = \sqrt{2} \times 100 / (0.5 + 1) = 94.3A$$

という非常に大きな値になります．

つまり突入電流を制限する回路がないと，電源投入時の大きな突入電流の影響で**商用ACライン電圧が瞬時低下**（瞬低）を起こしたり，ブレーカのトリップ，ヒュー

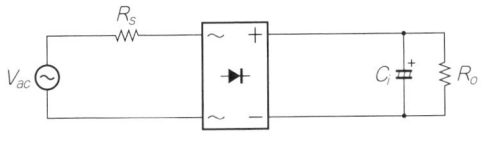

(a) 抵抗方式

- 回路が簡単で小電力(30W以下)向き
- 低コスト
- 損失は大きい

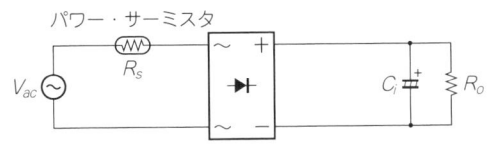

(b) パワー・サーミスタ方式

- 回路が簡単で小～中電力(～200W)向き
- パワー・サーミスタの温度によって制御するので，短時間ON/OFFには対応できない

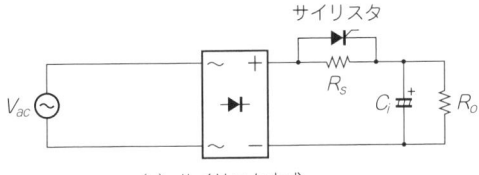

(c) サイリスタ方式

- 中～大電力(200～500W)向き
- コンバータが動作してからコンバータの電力でサイリスタをONする
- サイリスタのONタイミングによっては2次突入電流が流れる

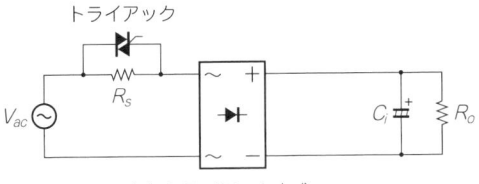

(d) トライアック方式

- 大電力(500～700W)向き
- コンバータが動作してからコンバータの電力でトライアックをONする
- トライアックにゼロ・クロス・スイッチが使える

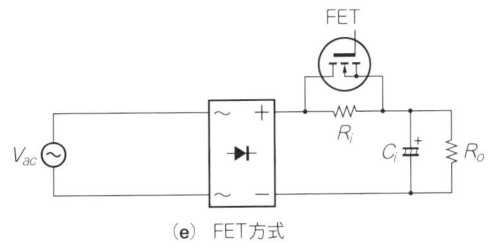

(e) FET方式

- 小～中電力(50～300W)向き
- FETのON電圧が小さくできるので高効率
- コスト高い

(f) リレー方式

- 大電力向き
- リレーの接点溶着事故多し
- リレーのONタイミングによっては2次突入電流が流れる

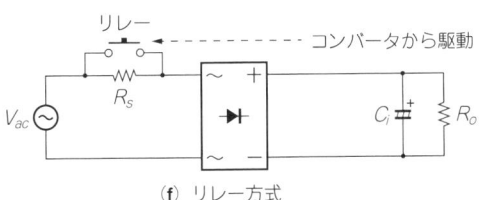

[図5-1] いろいろな突入電流制限回路の構成

ズの溶断，電源スイッチの接点溶着，整流ダイオードの破損などにもつながる可能性が出てきます．

　突入電流の大きさは，AC入力電源ライン・インピーダンスやライン・フィルタの直流抵抗分で決まりますが，この値を定量的につかむことは簡単ではありません．そこでPFC回路をのぞく一般のスイッチング電源では，整流・平滑回路のなかに**図5-1**に示すような突入電流制限回路を付加しています．

　突入電流制限回路の基本は，メインの電源ラインと平滑コンデンサC_iの間に**電流制限抵抗R_s**を挿入しておき，はじめの電源投入時にはR_sを通してC_iを充電し，C_iがある程度充電できたら，R_sの値を低く，あるいは短絡し，時間をかけて充電を定常状態にするという方法です．小中容量の電源ではパワー・サーミスタによる方式，それ以上の大容量ではサイリスタあるいはトライアックによる方式がよく使われています．

● 小電力…数W以下のACアダプタでは抵抗器で突入電流を制限

　近年はモバイル機器などの充電にACアダプタが広く使用されています．これらにもスイッチング電源が利用されていて，たとえば5V・1A（=5W）であったり，5V・3A（=15W）であったりと，いわゆる小容量電源です．しかしAC入力部はコンデンサ入力型整流なので，突入電流制限回路がないと，電源投入のタイミングによっては前述のように大きな突入電流が流れてしまいます．

　そこで現実的な対応としては，突入電流を実用上問題ない程度（商用AC100Vラインのコンセントでは20～30A以下）に制限する抵抗R_sを，整流回路に直列に挿入します．たとえばR_s=5Ωの抵抗を挿入すると，先のピークにおける突入電流I_{ip}は，

$$I_{ip} = \sqrt{2} \times 100 / (0.5 + 1 + 5) = 21.7\text{A}$$

となります．たとえば10Wで5Ωの抵抗を入れたのであれば，定常時のR_sの消費電力はおよそ力率を0.75，効率を0.65として$(0.1/0.75/0.65)^2 \times 5 = 0.21$Wということになり，小型の抵抗を使用することも可能です．力率も0.6～0.7程度なので，R_sの消費電力はさらに低くなります．

　ただし，この電流制限抵抗R_sはACライン1次側につながることになるので，安全規格に対応した**不燃性部品**でなければなりません．実際には，**図5-2**に示すような耐パルス特性に優れた抵抗器が使用されています．通常は突入電流制限抵抗として機能しますが，異常な過負荷なると溶断して回路を保護するというものです．

　なお，メーカによってはこのような使い方を好まず，ヒューズを直列にすることも多くあります．

型名	定格電力	抵抗値(E24系)[Ω] J：±5%	抵抗値(E24系)[Ω] G：±2%	温度係数 ppm/K	最高使用電圧	最高過負荷電圧	耐電圧
SPR1	1W						500V
SPR2	2W	2.2〜91k	10〜91k	±350	500V	1000V	700V
SPR3	3W						
SPR5	5W	2.2〜110k	10〜100k		600V	1200V	800V

(注1) ほかに0.25W/0.5Wタイプもある．F級(1%)もある

(a) おもな定格

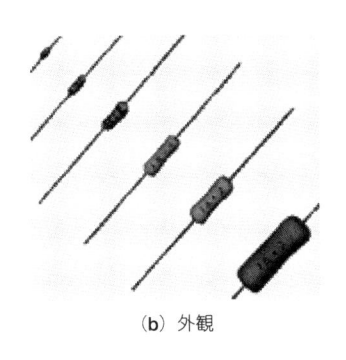

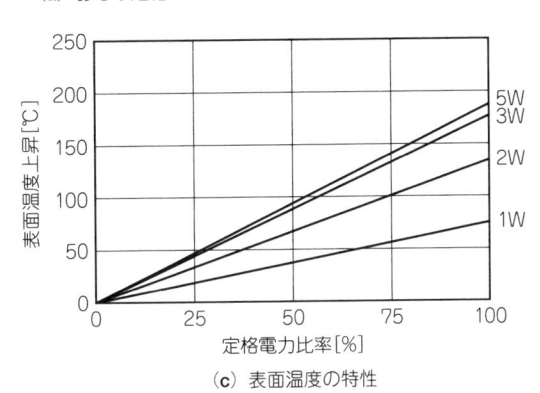

(b) 外観

(c) 表面温度の特性

[図5-2][26] 耐サージ性ヒューズ抵抗器の例[KOA(株) TPRシリーズ]

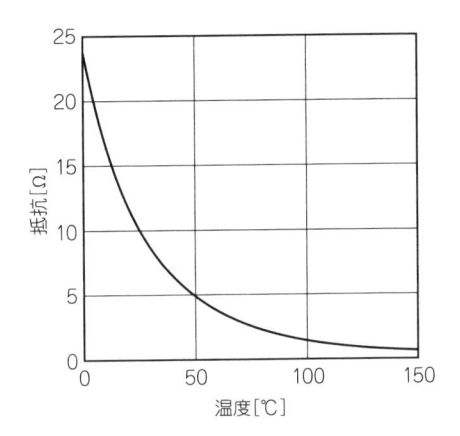

[図5-3]
(パワー)サーミスタの温度-抵抗値特性

● 小電力〜中電力…200Wクラスまではパワー・サーミスタで制限

サーミスタとは図5-3に示すように，温度が上がると抵抗値が指数的に下がる，負の温度特性をもった素子のことです．よって自己発熱を最小にし，抵抗-温度特性を管理して使用すれば，素子の抵抗値から素子自身および周囲の温度を推測する

ことができるので，一般には温度センサとして多く利用されています．金属酸化物による素子で，**NTC**(Negative Temperature Coefficient)**サーミスタ**とも呼ばれています．

パワー・サーミスタは温度センサとしてのサーミスタとは異なり，大電流が流れたとき自己発熱し，抵抗値が低下することを利用します．パワー・サーミスタが突入電流制限用として利用できるのは，電源が通じてないとき(電源OFFのとき)は電流が流れていないので自己発熱がなく温度が周囲温度程度と低く，高い抵抗値を示して突入電流を制限するからです．しかし，通電が始まり電流が流れるとI^2R_sによる電力損失＝自己発熱によって抵抗値が低下し，あってもなくても良い程度の低い抵抗値になって定常状態を維持するというものです．

パワー・サーミスタの使用にあたっては**コールド・スタート**…サーミスタが低温～常温で高い抵抗値になっているとき起動することが原則です．長時間通電後，電源を切ってすぐに再投入をくり返したときには，(サーミスタが冷えてなくて低抵抗状態となり)突入電流制限が働かないことに注意する必要がありますが，簡易なことから200W以下の電源では広く採用されています．パワー・サーミスタによる突入電流防止回路の設計については，5-2節で詳しく紹介します．

● **大容量電源ではサイリスタ方式**

やや大きな容量になると，図5-4に示すサイリスタによる突入電流制限回路が使用されます．サイリスタ方式では，電源が投入されてもゲート(点弧)信号がすぐには加わらず，はじめサイリスタはOFFしています．そのため電源起動時の平滑コ

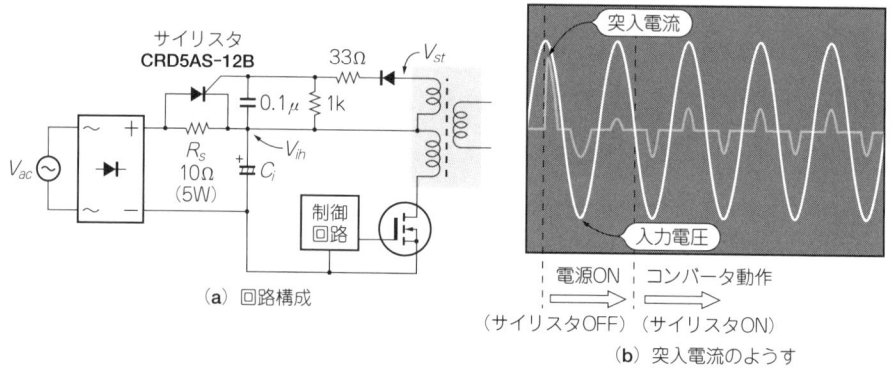

[図5-4] サイリスタ方式の突入電流防止回路

[表5-1][27] **代表的なサイリスタの特性例**[ルネサスエレクトロニクス(株)]

型名	V_{DRM} [V]	I_T(av) [A]	I_{TSM} [A]	I_{GT} [mA]max	V_{TM} [V]max	パッケージ
CRD5AS-12B	600	5	90	0.6	1.8	MP-3A
CR6LM-12B	600	6	90	10	1.7	TO-220FL
CR8LM-12B	600	8	120	15	1.4	TO-220FL
CR12LM-12B	600	12	360	30	1.6	TO-220FL

V_{DRM}：ピーク繰り返しOFF電圧
I_T(av)：平均ON電流，I_{TSM}：サージON電流
I_{GT}：ゲート・トリガ電流，V_{TM}：ON電圧

ンデンサC_iは，電流制限抵抗R_sを通して充電されています．R_sの値は，突入電流を実用上問題ない程度(商用AC100Vラインのコンセントでは20〜30A以下)に制限する抵抗値…数Ω〜10Ω程度にします．

C_iがある程度充電され，規定した起動電圧以上になるとコンバータが動作をはじめます．この起動時の時間は，スイッチング電源制御用ICが制御します．近年のスイッチング電源制御用ICにはほとんどに**ソフト・スタート機能**が組み込まれています．突入電流期間(数十ms)を避けてからICを起動するようになっています．

制御用ICが起動するとスイッチング・トランスでは1次巻き線にV_{ih}より数Vぶん高い電圧V_{st}を発生させ，そのV_{st}を整流してサイリスタのゲート信号を供給します．するとサイリスタがONとなり，コンデンサC_iには残りの電圧が充電されます．動作は図(b)のような波形になります．電流制限抵抗R_sは突入電流に十分耐えられる抵抗器…巻き線抵抗などを使用します．

平滑コンデンサC_iが十分に充電されないうちにサイリスタがONすると，充電不足の部分を再充電するため2次突入電流が流れます．コンバータが起動して2次突入電流が大きいときは電源の起動を遅らせたり，コンデンサを十分に充電できるR_sの値を選びます．もちろん1次突入電流も2次突入電流も，突入電流は制限以内に入ってなければなりません．

サイリスタは，ちょっとした電力制御回路を構成するとき便利な素子ですが，近年では大手メーカでの製造が中止されています．**表5-1**に代表的なサイリスタの例を示しておきます．

● **さらに大容量ではトライアックによるゼロ・クロス・スイッチ**

AC入力部において電源を投入するとき，流れる突入電流の大きさがAC位相角のどのタイミングかによって大きく異なることは先に述べました．もっとも大きな

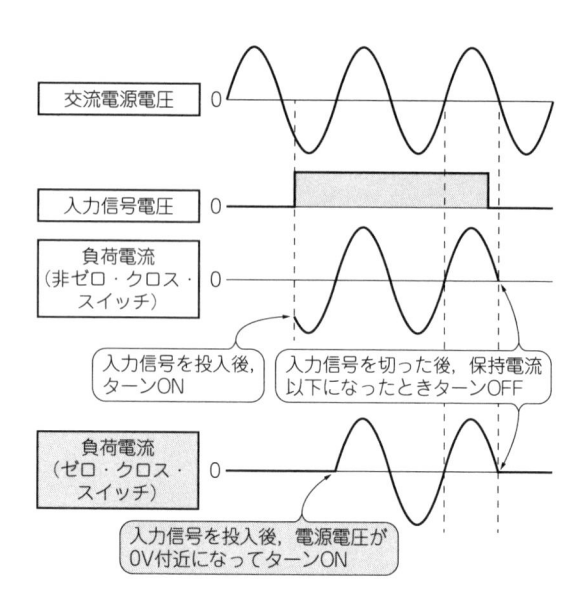

[図5-5]
交流ライン開閉におけるゼロ・クロス・スイッチの考え方

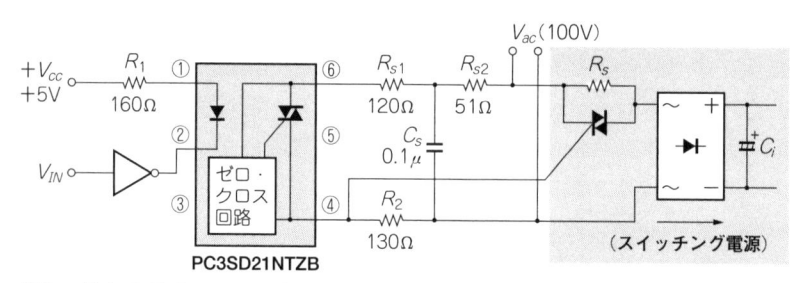

[図5-6]⁽²⁸⁾ トライアックのゼロ・クロス・スイッチにはフォト・カプラを使用

突入電流が流れるのは，位相が90°あるいは270°のときです．逆に位相が0°あるいは180°のとき電源を投入すれば，突入電流は位相変化に準じてあまり大きくならないことが予想できます．この考え方を利用したスイッチをゼロ・クロス・スイッチと呼んでいます．

図5-5に，ゼロ・クロス・スイッチを利用した電源スイッチの考え方を示します．AC入力部をスイッチングするには，前述したサイリスタを双方向に並べたトライアックと呼ぶ素子を使用しますが，電子回路側から制御するには絶縁する必要があるので，一般には**フォト・トライアック・カプラ**を使用します．フォト・カプラとトライアックを一体化したものです．大きな電力を制御するときは，図5-6に

[表5-2][27] **代表的なトライアックの特性例**[ルネサスエレクトロニクス(株)]

型名	V_{DRM} [V]	I_T (rms) [A]	I_{TSM} [A]	I_{FGT} I [mA]max	V_{TM} [V]max	パッケージ
BCR12FM-12LB	600	12	120	30	1.6	TO-220FP
BCR16FM-12LB	600	16	160	30	1.5	TO-220FP
BCR20FM-12LB	600	20	200	30	1.5	TO-220FP
BCR25FM-12LB	600	25	250	50	1.5	TO-220FP
BCR30AM-12LB	600	30	300	50	1.6	TO-3P
BCR40RM-12LB	600	40	400	50	1.55	TO-3PFM

V_{DRM}：ピーク繰り返し OFF 電圧
I_T(rms)：実効 ON 電流, I_{TSM}：サージ ON 電流
I_{FGT} I：ゲート・トリガ電流, V_{TM}：ON 電圧

示すようにフォト・トライアック・カプラによって大容量トライアックを駆動します．ただし，トライアックは完全OFFにはならず漏れ電流(保持電流)が数十mA流れるので，電源スイッチとの併用が必要です．また，毎サイクルのゼロ・クロス・スイッチはノイズ発生の素になるので，駆動回路側には工夫が必要です．

突入電流はスイッチの接点溶着やノイズ発生の素にもなるので，とくに大容量スイッチング電源において使用されています．表5-2に代表的な大容量トライアックの例を示します．

● **サイリスタ/トライアックには安全のための温度ヒューズを併用する**

サイリスタやトライアックを使用したとき注意すべき点は，サイリスタやゲート駆動回路などの不良で，サイリスタ(あるいはトライアック)がONできなくなったときです．コンバータが動き出してもサイリスタあるいはトライアックがONしないと，電流制限抵抗R_sには常時電流が流れるので，電力損失がかなり大きくなります．たとえば200W出力のコンバータで効率90%，力率60%として計算すると電源のAC入力電流は約3.7Aになり，抵抗R_sが10Ωであれば抵抗の損失は137Wにもなってしまいます．

正常動作時の電流制限抵抗R_sは，発熱時間はごく短時間…数十msです．したがって，R_sは数W定格の抵抗器を選択することが多くなりがちですが，サイリスタ周辺の故障でサイリスタがONしないとR_sが発熱して，発煙発火などの事故になる恐れがあります．このため突入電流制限用抵抗R_sには，図5-7に示すような温度ヒューズが入ったセメント抵抗がよく用いられます．この抵抗器はサージ電流にもっとも強い巻き線抵抗が使われ，温度ヒューズは温度が上昇することで溶けて断線するようになっています．

温度ヒューズ定格				抵抗器定格			
定格電流	ヒューズ記号	動作温度[℃]	定格電圧	定格電力 形状			抵抗値範囲(E24系)	
^	^	^	^	5N	7N	10N	巻き線型[Ω]	酸化金属皮膜型[Ω]
10A	8	129(注1)	AC250V	1.6	2.0	2.5	1〜100	110〜10k
^	10	152(注1)	^	1.6	2.0	2.5	^	^
^	12	188(注2)	^	2.0	2.4	3.5	^	^
^	14	227(注1)	^	2.0	2.4	3.5	^	^
2A	32	110(注1)	^	1.2	1.4		^	^
^	33	126(注1)	^	1.4	1.6		^	^
^	34	130(注1)	^	1.6	2.0		^	^
^	35	146(注3)	^	1.6	2.0		^	^

(注1) 誤差±2　(注2) 誤差＋3/－3　(注3) 誤差＋3/－2

(a) 定格

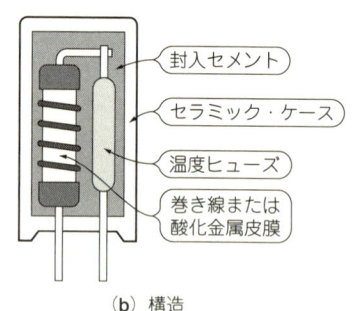

(b) 構造

(c) 外観

[図5-7][26]　温度ヒューズ内蔵形抵抗の例[KOA(株)WFシリーズ]

正常の電源投入時には切れなくて，サイリスタの動作不良でONしないで温度が上昇したときは温度ヒューズが切れ，回路を焼損から防ぐものを選ばなければなりません．

5-2　パワー・サーミスタによる突入電流制限回路の設計

● パワー・サーミスタのふるまい…熱時定数による遅れを理解しておくこと

　突入電流制限回路として，使用されることの多いのはパワー・サーミスタです．図5-1に示したように突入電流制限が1個の素子で構成できるので，使い慣れると簡便なのですが，パワー・サーミスタのふるまいは少し複雑です．しかも，定常時に一定の損失(発熱)を生じるという欠点をもっているので，安全のための設計法を

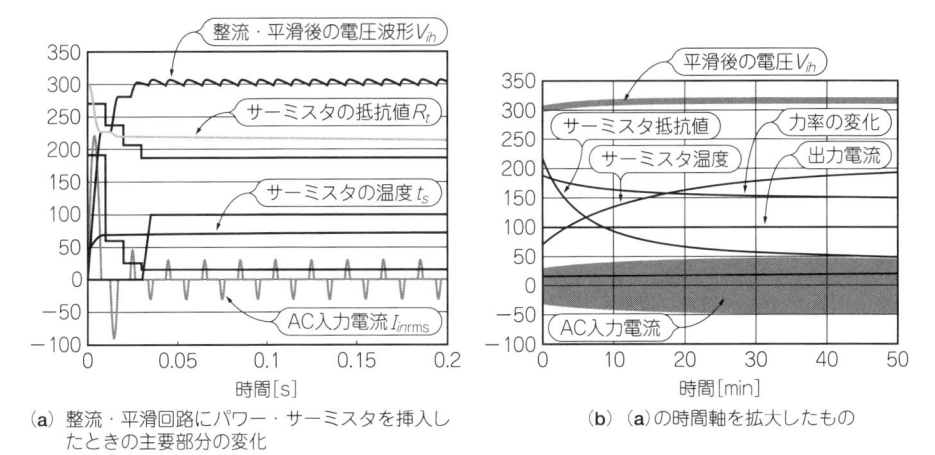

(a) 整流・平滑回路にパワー・サーミスタを挿入したときの主要部分の変化

(b) (a)の時間軸を拡大したもの

[図5-8] パワー・サーミスタのふるまいをシミュレーションで確認する
縦軸数値の単位は，項目によって異なるが，いずれも時間軸の相対変化の割合を示している

確立しておくことが大切です．

なお，サイリスタ方式などにくらべると定常動作時の損失が大きいので，大容量電源には適しません．通電による自己発熱を利用するわけで，自己発熱には一定の時間…数十秒の熱時定数が必要です．そのため電源を切ってからすぐの電源再投入や，ON/OFFテスト（短時間での電源ON/OFF繰り返しテスト）を行うと，パワー・サーミスタの温度が低下しておらず，抵抗値が低いうちに電源の再投入がされてしまうことになり，突入電流が流れてしまう可能性が残ります．

また通常の電源投入時においては，パワー・サーミスタの温度は周囲環境と同じで冷えているので抵抗値が高く，パワー・サーミスタが暖まるまで整流・平滑回路への入力電圧は最低となって最大負荷が取れなかったりもします．さらに無負荷状態が長い時間続いている場合などはパワー・サーミスタが冷えてしまい，その後，急に全負荷になったりすると，入力電圧が最低のとき全負荷が取れなかったりするトラブルが生じやすくなることを理解したうえで，使用する必要があります．

図5-8はスイッチング電源 AC入力部にパワー・サーミスタを使用したときの，AC入力電流波形$I_{in(ac)}$，整流・平滑後の電圧波形V_{ih}，サーミスタの抵抗値R_t，サーミスタの温度変化t_sそれぞれのふるまいを示したものです．この例では，電源はソフト・スタートによって電源投入から35ms遅れて動作しています．また，パワー・サーミスタの**熱時定数が40秒**あるので，サーミスタの温度はそれ以上の時間を経てから飽和します．

5-2 パワー・サーミスタによる突入電流制限回路の設計 | **145**

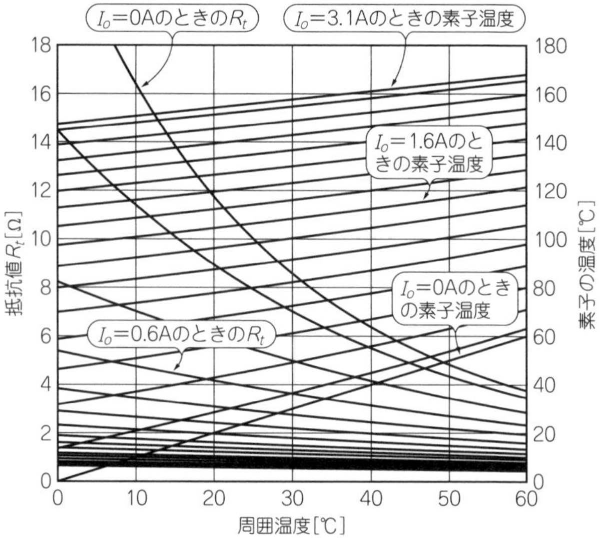

I_o=0AのときのRt
I_o=3.1Aのときの素子温度
I_o=1.6Aのときの素子温度
I_o=0Aのときの素子温度
I_o=0.6AのときのRt
抵抗値R_t[Ω]
素子の温度[℃]
周囲温度[℃]

[図5-9]
パワー・サーミスタのふるまい…通電電流と周囲温度によってどのような変化があるのか

図(b)は(a)の時間軸を長くしたものです．AC入力電流$I_{in(ac)}$はパワー・サーミスタの抵抗値が発熱によって徐々に低下するため，それに伴ってピーク電流が増えていくのがわかります．

図5-9はパワー・サーミスタの温度および抵抗値が，通電電流と周囲温度によってどのように変化するかを示したものです．右肩上がりのグラフが通電電流-周囲温度の変化によって素子温度がどう変化するか，左肩上がりのグラフが通電電流-周囲温度の変化のよって抵抗値がどう変化するかを示したものです．通電電流がI_o＝3.1Aと大きいと，周囲温度(0～60℃)による素子温度の変化が約20℃になることがわかります．

● 実際のパワー・サーミスタで動作を検討する

表5-3に代表的なパワー・サーミスタの例を示します．パワー・サーミスタの電気的特性において，公称ゼロ負荷抵抗値(Ω)というのは，サーミスタが基準温度(25℃)のとき，しかも電流を流していないときの抵抗値です．パワー・サーミスタの抵抗値は**図5-2**に示したように周囲温度と流れる電流…自己発熱によって変化するので，電流の大きさは，電源投入時の温度によって変化します．

公称B定数は，温度によって変化する抵抗値の割合を表した数値です．温度による変化はこのB定数で決まり，温度T_1における抵抗値R_1は下記の式で求められます．

[表5-3][29] 代表的パワー・サーミスタの一例[SEMITEC(株)]
旧・石塚電子(株)の商品からの抜粋．商品によって，使用温度範囲が-50～200℃のものもある．5D2-05～20D2-05の最高使用温度は150℃，2D2-11～20D2-11の最高使用温度は170℃になっている

型名	公称ゼロ負荷抵抗値 R25 [Ω]±15%	公称B定数 B [K]	最大許容電流 [A]@25℃	残留抵抗値 [Ω]	熱時定数 [s]	熱放散定数 [mW/℃]	最大許容コンデンサ容量 AC100V [μF]	AC120V [μF]	AC220V [μF]	AC240V [μF]	瞬時エネルギー耐量 [J]
5D2-05	5.0	2650	2.0	0.48	20	15	860	600	170	150	4.3
10D2-05	10.0	2700	1.0	0.91	20	7	860	600	170	150	4.3
20D2-05	20.0	2800	0.3	1.66	20	1	860	600	170	150	4.3
2D2-11	2.0	2650	5.0	0.15	40	26	2700	1880	550	470	13
3D2-11	3.0	2650	4.0	0.22	40	24	4830	3360	990	840	24
4D2-11	4.0	2700	4.0	0.28	40	31	2880	2000	590	500	14
5D2-11	5.0	2700	4.0	0.35	40	39	2700	1880	550	470	13
8D2-11	8.0	2800	3.0	0.5	40	31	2700	1880	550	470	13
10D2-11	10.0	2800	3.1	0.63	40	42	2880	2000	590	500	14
12D2-11	12.0	2800	2.0	0.75	40	21	4030	2800	830	700	20
15D2-11	15.0	2950	2.5	0.8	40	34	2880	2000	590	500	14
16D2-11	16.0	2950	2.5	0.86	40	37	2880	2000	590	500	14
20D2-11	20.0	3000	2.0	1.02	40	28	2880	2000	590	500	14

$$R_1 = R_2 \cdot \exp\left(B \cdot \left(\frac{1}{273.15 + T_1} - \frac{1}{273.15 + T_2}\right)\right) \quad \cdots \cdots (5\text{-}1)$$

$B：B$ 定数
$T_1 =$ 任意の温度(℃)
$T_2 =$ 基準温度(℃)(25℃)
$R_1 = T_1$ における抵抗値(Ω)
$R_2 = T_2$ における抵抗値(Ω) = 公称ゼロ負荷抵抗値(Ω)(25℃)

表5-3に示したパワー・サーミスタの中から10D2-11の$T_1 = 85$℃における抵抗値R_1を求めると，$B = 2800$，$R_2 = 10\,\Omega$なので，

$$R_1 = R_2 \cdot \exp\left(B \cdot \left(\frac{1}{T_1} - \frac{1}{T_2}\right)\right)$$

$$R_1 = 10 \cdot \exp\left(2800 \cdot \left(\frac{1}{273.15 + 85} - \frac{1}{273.15 + 25}\right)\right) = 2.07\,(\Omega)$$

となります．
　パワー・サーミスタにおける最大電流とは，周囲温度が25℃のとき連続して流せる実効値での最大電流のことです．周囲温度によって最大電流は変わります．

残留抵抗値は，動作して温度が上がったときの抵抗値です．温度が低いときはサーミスタの抵抗値が高いので力率が良く実効電流は少ないが，温度が高くなって抵抗値が下がると力率が悪くなります．よって，同じ電力では入力実効電流が増えて温度上昇し，さらに実効電流が増えることになります．そのための限界を残留抵抗値で計算します．残留抵抗値で力率を計算して入力の実効電流を求め，それがその周囲温度のときの許容電流以下かどうかをチェックします．

　熱時定数は，電流が流れ発熱するときのサーミスタ温度上昇の時定数です．CRの時定数と同じように，温度が対数で上昇していきます．10D2-11の場合の時定数は40秒なので，図5-8(b)に示したようにかなりの時間をかけて温度が上昇することになります．

　　t_n：経過時間，τ：熱時定数(s)
　　T：時間 t_n 後のサーミスタの温度(℃)
　　T_a：周囲温度(℃)，T_b：熱平衡温度(℃)
とすると，

$$T = T_b - (T_b - T_a) \cdot \exp\left(-\frac{t_n}{\tau}\right) \quad \cdots\cdots\cdots\cdots\cdots\cdots\cdots\cdots\cdots\cdots\cdots\cdots \quad (5\text{-}2)$$

となります．

　パワー・サーミスタは電源投入時，ブリッジ整流後の平滑コンデンサを0の状態から充電しなければなりません．そのため平滑コンデンサの容量が大きければ大きいほど，瞬時的に大きな損失が生じます．その瞬時損失によってサーミスタに劣化や故障が発生しないための平滑コンデンサの最大容量が，最大許容コンデンサ容量

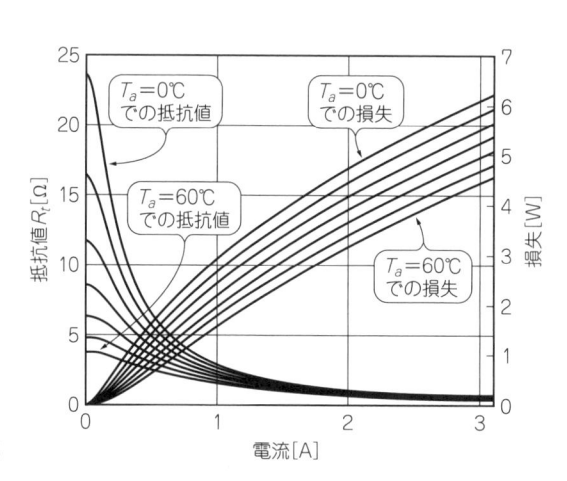

[図5-10]
10D2-11の電流-抵抗特性

です．これはAC電源電圧によって変わってきます．

　瞬時エネルギー耐量，これも電源投入時，パワー・サーミスタに発生する最大エネルギーで，コンデンサを充電できるエネルギーのことです．

　10D2-11の電流による抵抗変化特性をグラフにすると図5-10のようになります．ふつうの抵抗の電力損失は流れる電流の2乗に比例しますが，パワー・サーミスタだと1乗以下の係数になっていることがわかります．

● 整流・平滑回路でのパワー・サーミスタの特性を確認するには

　実際のパワー・サーミスタの効果を確認するには，図5-8に示したような形で入力電流…突入電流の状況を確認するのが望ましいところでしょう．

　任意の時刻をt_n（間隔dt）とするとき，時刻t_nのときの交流電圧V_{acn}は，電源電圧の実効値：V_{ac}，周波数：f，位相：αとすると，

$$V_{acn} = \sqrt{2} \cdot V_{ac} \cdot \sin(2\pi \cdot f \cdot t_n + \alpha) \quad \cdots\cdots (5\text{-}3)$$

　t_nのときの入力電流I_nは，t_nのときのコンデンサ電圧：V_{cn}，t_nのときのサーミスタ抵抗値：R_{sn}，入力抵抗：R_iとすると，$V_{acn} > V_{cn}$のとき，

$$I_n = \frac{V_{acn} - V_{cn}}{R_{sn} + R_i} \quad \cdots\cdots (5\text{-}4)$$

それ以外の$V_{acn} \leq V_{cn}$のときは$I_n = 0$，コンデンサを流れる電流はI_{cn}は，負荷電流（定電流とする）：I_Lとすると，

$$I_n = I_{cn} + I_L \quad \cdots\cdots (5\text{-}5)$$

　t_nのときのコンデンサ電圧V_{cn}は，

$$V_{cn} = \frac{1}{C} \times I_{c(n-1)} \cdot dt \quad \cdots\cdots (5\text{-}6)$$

よってt_nのときのサーミスタの消費電力W_{sn}は，

$$W_{sn} = I_n^2 \cdot R_{sn} \quad \cdots\cdots (5\text{-}7)$$

　t_nのときのサーミスタの温度T_{sn}は，T_{s0}：25℃，サーミスタの熱時定数：τ，周囲温度：T_a，サーミスタの温度：σを1℃上げるのに必要な電力（熱放散定数：W/℃）とすると，

$$T_{sn} = T_{s(n-1)} + \left(\frac{W_{s(n-1)}}{\delta} - T_{s(n-1)} + T_a\right) \cdot \left(1 - \exp\left(-\frac{dt}{\tau}\right)\right) \quad \cdots\cdots (5\text{-}8)$$

　t_nのときのサーミスタの抵抗値R_{sn}は，

$$R_{sn} = R_0 \times \exp\left(B \cdot \left(\frac{1}{273.15 + T_{sn}} - \frac{1}{273.15 + T_{s0}}\right)\right) \quad \cdots\cdots (5\text{-}9)$$

ただし，B：サーミスタのB定数

となるので，以上をステップ計算して，経過計算を行います．

例として，$V_{ac} = 100\text{V}$，$C = 1000\mu\text{F}$，$f = 50\text{Hz}$，$I_L = 1.0\text{A}$，パワー・サーミスタを10D2-11（熱時定数$\tau = 40$秒，熱放散定数$\delta = 42\text{mW}/℃$，$R_{25} = 10\Omega$，$B = 2800$）とすると，先に示した図5-7の結果が得られます．

● パワー・サーミスタは常に高温度になっている

ところでパワー・サーミスタは，動作中の周囲温度に関係なく常時高温度になっています．表面温度は**電流負荷率**が**50％**であっても**35°以上の温度上昇**があり，周囲温度によっては100℃を超える高温になることがあります．図5-11に電流負荷率によるパワー・サーミスタの温度上昇を示しています．基板のパターン幅やリード線の長さによって放熱…温度上昇の傾向は異なります．リード・フォーミングや実装上の工夫とともに，耐熱性の低い部品との接触や，近くに電解コンデンサなど温度に弱い部品を配置しないことが重要です．

また，瞬時停電や短時間スイッチON/OFFに対しては短時間の電源停止時にパワー・サーミスタがほとんど冷えないので，抵抗値が低いままで電源復帰時に突入電流が流れてしまうことがあります．この突入電流に対して，スイッチにダメージを受けないような充分な電流容量をもつスイッチを使います．

周囲温度が低く，かつ電源電圧が低い条件で長時間微小負荷が続くと，パワー・サーミスタの電流は少なくパワー・サーミスタが冷えてしまいます．同じく，電源ONのとき急に全負荷になるとパワー・サーミスタの抵抗が高いままで電圧降下が大きくなり，電解コンデンサの電圧がいったん下がり，すぐに戻らないため，コン

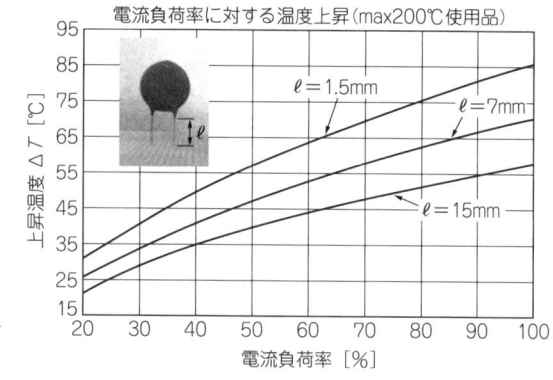

[図5-11][30]
パワー・サーミスタの電流負荷率に対する温度上昇の例
リード線の長さによって温度上昇に大きな違いが生じることがわかる．リード・フォーミングや基板のパターン幅などが放熱に効いてくる

[表5-4][30] パワー・サーミスタの選定に必要な情報

項目	具体的な例
使用温度範囲	0 ～ 50℃
プリント基板の上限温度	105℃
AC 入力電圧範囲	85 ～ 264V
定常時の入力電流	3A
ピーク時電流とその時間	5A・10 秒
入力電力	150W
自然空冷か強制空冷か	自然空冷
平滑コンデンサの容量	1500μF
許容できる突入電流値	60A
電源の内部抵抗	0.6Ω

バータの最低動作電圧以下になって出力電圧を保持できないことがあります．このようなときの対策は，スイッチング電源の入力電圧範囲を広くするか，B 定数が小さいパワー・サーミスタを選定します．

なお，実際の電源設計においてパワー・サーミスタの選定がわからない場合は，表5-4に示すような電源仕様を部品メーカに提供すると，スムーズなサポートが得られるようです．

スイッチング電源[1] AC入力 1次側の設計

参考・引用*文献

- (1)* (株)高岳製作所，WEBデータから．現在は社名変更されて(株)東光高岳，http://www.tktk.co.jp
- (2)* ノグチトランス販売(株)，WEBデータから．http://www.noguchi-trans.co.jp
- (3)* 浜田智：電源回路の電子部品選びコモンセンス，トランジスタ技術，2005年8月号，CQ出版(株)
- (4)* オムロン(株)，小型ロッカ・スイッチ 形A8L カタログ
- (5)* http://www.energystar.jp
- (6)* 庄司 孝：世界の電源電圧はどうなっているの？，トランジスタ技術，2009年5月号，CQ出版(株)
- (7)* エス・オー・シー (株)，ヒューズ総合カタログ
- (8)* 布施和昭：ヒューズおよびセラミック・バリスタの使い方，グリーン・エレクトロニクス No.3，2010年10月1日発行，CQ出版(株)
- (9)* BASIC MEASURING INSTRMENTS 1991，パワーシグネチャー・ハンドブック
- (10)* 三菱マテリアル(株)，サージアブソーバ・アプリケーション・ノート
- (11)* 日本ケミコン(株)，セラミック・バリスタ TNR テクニカル・ノート
- (12)* 岡谷電機産業(株)，サージアブソーバ，サージプロテクタ・カタログ
- (13)* サンケン電気(株)，超低ノイズ共振型スイッチング電源 HWBシリーズ・カタログ．および Sample Test Data, HWB Series HWB030S-15, Ultra-low Noise Power Supply, CHD40001-005-TD
- (14)* 正木 優：AC電源ラインのノイズ対策，トランジスタ技術，2001年10月号，CQ出版(株)
- (15) 正木 優：TDK EMC設計ガイド，TDK(株) マグネティクスビジネスグループ，http://product.tdk.com
- (16) 原田耕介(監修)：スイッチング電源ハンドブック 第2版，森田浩一：「SMZ方式コンバータによる低ノイズ，小型化技術」，2000年1月，日刊工業新聞社
- (17)* http://iwatt.com，WEBデータ，EBC10012から
- (18) 協立電子工業(株)カタログ
- (19)* 日本テクトロニクス(株)，プローブ入門(改定版)
- (20)* NECトーキン(株)，ノイズ・フィルタ・カタログ(Vol.11)，ACライン・フィ

ルタ・カタログ(Vol.12)
(21)* 日立金属(株),ファインメットEMC総合カタログ
(22)* (株)村田製作所,ACライン用EMI除去フィルタ(エミフィル)カタログ
(23)* 新電元工業(株),ブリッジ・ダイオード・データ,http://www.shindengen.co.jp/product/semi/
(24)　O.H.Schade:Proc.I.R.E. Vol.31, No.7, 1943, pp341～361
(25)* 日本ケミコン(株),アルミ電解コンデンサ,製品ガイドおよびTECHNICAL NOTE, CAT.No.1001P(Ver.2)
(26)* KOA(株),耐サージ性ヒューズ抵抗器 TPR,温度ヒューズ内蔵型抵抗器 WFシリーズ,www.koanet.co.jp
(27)* ルネサスエレクトロニクス(株),WEBデータから.http://japan.renesas.com/,サイリスタ/トライアック
(28)　蛯名清志(編著):オプト・デバイスの基礎と応用,6.7 フォト・カプラの応用例,p.271,CQ出版(株)
(29)* SEMITEC(株),パワー・サーミスタ・カタログ(D2)
(30)* 野尻俊幸:パワー・サーミスタの基礎の基礎,トランジスタ技術,2009年6月号,CQ出版(株)

索引

【記号】
θ_{ja} —— 108

【数字】
1次-2次間分布容量 —— 86
2次災害 —— 34
2重サンドイッチ巻き —— 87
10℃・2倍則 —— 135
10D2-11 —— 148
24時間連続使用 —— 24
6600V —— 14

【A】
AC100V系 —— 53
ACアダプタ —— 92, 138
AC耐圧試験 —— 49
AC電源ライン —— 47, 59
AMラジオ —— 63

【B】
BSI —— 63

【C】
CE —— 63
CISPR —— 64
CRD5AS-12B —— 140
CRアブソーバ —— 26
CS —— 63

【D】
D3SBA60 —— 107
D20XB60 —— 107
DC-DCコンバータ —— 23
DC高電圧 —— 97, 125

【E】
EMC —— 62, 63
EMI —— 58, 63
EMI特性試験 —— 54
EMIフィルタ —— 71
EMS —— 63, 68
ESR —— 115

【F】
FCC —— 63, 64

【H】
Hz —— 12

【I】
I^2t —— 38, 110
I^2tエネルギー —— 39
I^2tグラフ —— 42
I^2t耐量 —— 39
I_{acrms} —— 115, 117
I_{dp} —— 115, 118
IEC —— 63
ITE —— 66
I-tカーブ —— 37

【J】
JASO —— 64
JEITA —— 28
JEMA —— 28
JRAIA —— 28

【K】
KOA(株) —— 139, 144
K_{rpp} —— 127
KXJシリーズ —— 127, 128

【L】
LCR —— 87
LCフィルタ —— 20, 73
LISN —— 64
LLC共振型 —— 57, 58, 60

【M】
Mn-Znフェライト —— 77
MOSFET —— 22
MOSFETの放熱器 —— 90

【N】
NTC —— 140

【O】
O.H.Schadeのグラフ —— 114

【P】
PF —— 122, 124
PFC —— 101
【Q】
QP値 —— 68
【R】
R_d —— 106, 115
RE —— 63
R_i —— 115
RS —— 63
【S】
SEMITEC(株) —— 147
【T】
T_j —— 108
TV定格 —— 25
【V】
V_{cb} —— 121, 124, 126
VCCI —— 63, 64
VDE —— 63
V_f —— 17, 106
V_{ih} —— 97, 113, 115, 116, 125
V_{rpp} —— 120, 124, 126
V_{rrms} —— 119, 124
【W】
W —— 12
【X】
Xコンデンサ —— 32, 72, 84, 94
【Y】
Yコンデンサ —— 33, 72, 83, 84, 94
【あ】
アーク放電 —— 26
アクロス・ザ・ライン・コンデンサ —— 72
アブノーマル試験 —— 34
アルミ電解コンデンサ —— 16, 99, 125
アレスタ —— 48
アレニウス則 —— 135
安全規格 —— 45, 49, 50, 72, 73, 83, 84, 138
安全規格認定品 —— 44
【い】
医療機器用電源 —— 84
インパルス —— 50
【え】
エナジースター —— 28

沿面距離 —— 33
【お】
オフ抵抗 —— 20
オン抵抗 —— 20
温度センサ —— 17
温度ヒューズ —— 143
温度ヒューズ内蔵形抵抗 —— 144
【か】
回転ボビン —— 75
開閉サージ —— 47
ガス入り放電管 —— 48, 54
片切りスイッチ —— 25
雷サージ —— 68
ガラス管ヒューズ —— 34
管型ヒューズ —— 35
感電 —— 84
感電事故 —— 42
放電抵抗 —— 84
【き】
擬似電源回路網 —— 64
寄生要素 —— 87
逆回復時間 —— 111
共振型スイッチング電源 —— 60
【く】
空間距離 —— 33
組み込み用スイッチング電源 —— 24
クラスA —— 67
クラスB —— 67
クランプ型電流プローブ —— 70
クランプ・コア —— 93
【け】
剣型プローブ —— 96
【こ】
コアの磁気飽和 —— 89
高圧電源回路 —— 103
公称B定数 —— 146
公称ゼロ負荷抵抗値 —— 146
高調波成分 —— 100
交流エネルギー —— 12
コールド・エンド —— 90
コールド・スタート —— 36, 140
コモン・モード・インダクタンス —— 74, 80

索引 155

コモン・モード・コイル
　　　　　　── 32, 73, 78, 79, 90, 94
コモン・モード・コンデンサ ── 33, 83, 94
コモン・モード電圧 ── 96
コモン・モード・ノイズ ── 71, 85, 95
コモン・モード・フィルタ ── 80
コンデンサ入力型整流回路 ── 43, 89, 97
コンデンサ入力型平滑回路 ── 112
コンデンサの寿命 ── 135

【さ】
サージ・アブソーバ ── 32, 47
サージ耐量 ── 52
サーミスタ ── 140
最大接合部温度 ── 108
最低動作電圧 ── 126, 130
サイリスタ ── 35, 140
酸化亜鉛バリスタ ── 48
産業用機器 ── 125, 135
三端子レギュレータIC ── 19
サンドイッチ巻き ── 87
残留抵抗値 ── 148

【し】
磁気回路部品 ── 69
磁界ノイズ ── 94
自己発熱 ── 133
自然空冷 ── 151
実効電力 ── 100
自動車用機器 ── 17
時比率 ── 20
車載用 ── 126
シャント回路 ── 15
集中巻き ── 87
充電期間 ── 127
周波数 ── 12
重要安全部品 ── 44
ジュール積分値 ── 39, 43
出力側フィルタ ── 94
出力段ノーマル・モード・フィルタ ── 95
出力抵抗 ── 17
出力ノイズ ── 58, 94
出力ノイズ測定 ── 96
出力保持 ── 129
出力リプル ── 58

出力リプル・ノイズ ── 94
瞬時停電補償 ── 131
準尖頭値検波 ── 68
瞬低 ── 136
順方向電圧 ── 106
順方向電圧降下 ── 17
使用環境温度 ── 135
消費電力 ── 11
情報技術装置 ── 66
少量生産機器 ── 46
シリーズ・レギュレータ ── 23
新電元工業(株) ── 105, 107

【す】
スイッチング電源 ── 20, 23
スイッチング・ノイズ ── 58
スタンバイ電源 ── 26
スタンバイ動作モード ── 130
スペース巻き ── 87
スペクトル・アナライザ ── 58

【せ】
静電シールド効果 ── 90
静電シールド付きトランス ── 87
整流回路 ── 97
整流ダイオードの動作抵抗 ── 115
積算電力量計 ── 15
絶縁 ── 16, 49
絶縁型DC-DCコンバータ ── 23
絶縁距離 ── 33
絶縁トランス ── 42
接点保護 ── 26
セラミック・コンデンサ ── 83, 85
セラミック・バリスタ ── 48, 50
ゼロ・クロス・スイッチ ── 141
センタ・タップ付きトランス ── 104
尖頭サージ電流 ── 109
全波整流回路 ── 98
全波倍電圧整流回路 ── 102

【そ】
送電系た ── 13
挿入損失 ── 89
続流 ── 49
ソフト・スタート機能 ── 141

【た】
ダイオードの動作抵抗 —— 106
ダイオードの導通角 —— 126
耐サージ性ヒューズ抵抗器 —— 139
タイム・ラグ型ヒューズ —— 37
耐ラッシュ電流型ヒューズ —— 37
耐量寿命 —— 50
端子雑音 —— 58
【ち】
チップの接合部温度 —— 108
柱上トランス —— 14
チョーク入力型整流回路 —— 101
直流安定化電源 —— 16
直流エネルギー —— 12
チョッパ・コンバータ —— 21
【つ】
ツェナ・ダイオード —— 18
【て】
低 V_f ブリッジ・ダイオード —— 108
定格リプル電流周波数補正係数 —— 133
低待機電力 —— 28
定抵抗負荷 —— 112
停電保持時間 —— 129
定電流負荷 —— 112
定電力特性 —— 129
定電力負荷 —— 112
低ドロップアウト三端子レギュレータ —— 20
デュアル・モード・コイル —— 82
デューティ比 —— 20
電解液 —— 135
電気用品安全法 —— 45, 63
電源実験用ベンチ —— 42
電源スイッチ —— 24
電磁環境両立性 —— 62
電磁結合 —— 90
電磁障害 —— 58, 62
電磁的感受性 —— 62, 68
伝導ノイズ —— 58, 63, 65, 71, 89, 91
電波暗室 —— 63
電流二乗時間積 —— 110
電流プローブ —— 40, 70
電流容量 —— 78
電力損失 —— 19, 20

電力変換効率 —— 107
【と】
等価分布容量 —— 80
導通角 —— 123, 124
突入電流 —— 26, 35, 109, 136
突入電流制限回路 —— 33
突入電流の波形 —— 40
突入電流への耐量 —— 39
トライアック —— 141
トランジスタ —— 18
トランスの巻き線方法 —— 86
トリップ —— 136
トロイダル・コア —— 73
ドロッパ回路 —— 15
ドロッパ型安定化電源 —— 16, 19
【に】
日本ケミコン(株) —— 126
ニュートラル —— 14
入力抵抗 —— 115
【ね】
熱時定数 —— 145, 148
熱抵抗 —— 108
【の】
ノイズ源 —— 57
ノイズ測定法 —— 63
ノイズ対策 —— 86
ノイズ発生源 —— 69, 111
ノイズ・フィルタ —— 71
ノイズ要因 —— 87
ノーヒューズ・ブレーカ —— 15
ノーマル・モード・インダクタンス —— 80
ノーマル・モード・インピーダンス —— 81
ノーマル・モード・コイル —— 78
ノーマル・モード・ノイズ —— 71, 85, 95
【は】
配線インダクタンス —— 88
倍電圧整流回路 —— 101
ハイブリッド・コイル —— 82
発熱部品 —— 125
波尾長電流 —— 52
バリスタ —— 50
パワー・サーミスタ —— 31, 36, 140, 144
半波整流回路 —— 98

半波倍電圧整流回路 ── 102
汎用ライン・フィルタ ── 73, 83
【ひ】
皮相電力 ── 100
日の字コア ── 73, 75
ヒューズ ── 32
ヒューズの温度特性 ── 38
ヒューズの溶断特性 ── 37
ヒューズ溶断条件 ── 46
【ふ】
ファインメット ── 77
フィルム・コンデンサ ── 84, 85
フェライト・ビーズ ── 95
フォト・トライアック・カプラ ── 142
負荷変動 ── 17
負帰還制御 ── 22
輻射ノイズ ── 58, 63, 65, 69, 90, 93
不燃性部品 ── 138
浮遊容量 ── 88
フライバック・コンバータ ── 30
ブリッジ・ダイオード ── 17, 31, 100, 105
フレーム・ケース ── 71
分割ボビン ── 77, 81
分割ボビン巻き ── 87
分布容量 ── 77, 80, 85, 88
【へ】
ベイオネット・プローブ ── 96
平滑コンデンサ ── 16, 31, 99, 136
閉磁路一体形コア ── 74
ヘルツ ── 12
【ほ】
妨害ノイズ ── 59
放電管 ── 31
放電期間 ── 127
放電ギャップ ── 50
放電抵抗 ── 73, 84
放熱器 ── 109
保護協調 ── 47
保持電流 ── 143
ホット・エンド ── 90
【ま】
マイクロ・ヒューズ ── 34
巻き線抵抗器 ── 138

【み】
密着巻き ── 87
脈流電圧 ── 16
民生機器 ── 125
【も】
漏れインダクタンス ── 78, 88
漏れ磁束 ── 91
漏れ電流 ── 25, 73, 83, 84
【ゆ】
誘導雷 ── 56
誘導雷サージ ── 47
【ら】
ライブ ── 14
ライン・インピーダンス ── 36, 136
ライン・バイパス・コンデンサ ── 72
ライン・フィルタ ── 32, 58, 69, 72, 89, 93, 136
ラッシュ電流 ── 109, 136
【り】
リカバリ・ノイズ ── 88, 111
力率 ── 43, 84, 100
力率改善 ── 101
リプル ── 99
リプル電圧 ── 126
リプル電流 ── 131
リプル・ノイズ ── 58
リプル・ボトム電圧 ── 126
リプル率 ── 127
両切りスイッチ ── 25
【る】
ルネサスエレクトロニクス（株）── 141, 143
【ろ】
漏電ブレーカ ── 15
ロッカ・スイッチ ── 25
【わ】
ワールド・ワイド仕様 ── 30, 54
ワールド・ワイド対応 ── 104
ワールド・ワイド入力 ── 97
ワット ── 12

〈著者略歴〉
森田 浩一（もりた こういち）

1942年	東京都台東区生まれ
1961年	早稲田高校卒業
1965年	早稲田大学理工学部電気工学科卒業
1965年	サンケン電気(株)入社
	電源の回路を主とした開発部門を6割，設計部門を2割，そのほかを2割で開発部長，技術部長，技師長などを経て
2000年	熊本工業大学(現・崇城大学)博士課程卒業(共振電源)
2004年	サンケン電気(株)定年退職
2004年	(有)オフィス・モリタ 設立 現在に至る
	電源のコンサルタント業務，教育，セミナー指導など
	電子情報通信学会，電気学会，パワーエレクトロニクス学会所属

● 趣味ほか
- 小学2年　鉱石ラジオをつくる．自分専用のラジオということで嬉しかった
- 小学5年　Oゲージ模型をはじめる．部品はもっぱら秋葉原ラジオ・ガーデン
- 小学6年　NHK出版の本で5球スーパーを組み立て
- 中学1年　秋葉原で東映無線のテレビ・キットを購入・組み立て
  　　　　　この頃から「電気の仕事」をしたいと考えだした
- 中学・高校では物理部(模型，電気)に所属
- 中学2年　この頃から真空管オーディオ・アンプを作り始める．スタガー比の理由がわからなかった．以来，自宅から自転車で10分の秋葉原通い．小遣いのほとんどを秋葉原で部品に交換した
- 高校1年　電話級アマチュア無線技師，資格取得
- 大学1年　アマチュア無線局を自作送信機，受信機で開局
- 大学では超短波無線クラブ所属
- サンケン電気(株)ではインバータ，コンバータ，大電力，省電力など電源と名の付くもののほとんどを経験
- 埼玉県富士見市在住，コールサイン：ＪＡ１ＩＩＦ

- ●**本書記載の社名，製品名について** ── 本書に記載されている社名および製品名は，一般に開発メーカーの登録商標または商標です．なお，本文中では™, ®, © の各表示を明記していません．
- ●**本書掲載記事の利用についてのご注意** ── 本書掲載記事は著作権法により保護され，また産業財産権が確立されている場合があります．したがって，記事として掲載された技術情報をもとに製品化をするには，著作権者および産業財産権者の許可が必要です．また，掲載された技術情報を利用することにより発生した損害などに関して，CQ 出版社および著作権者ならびに産業財産権者は責任を負いかねますのでご了承ください．
- ●**本書に関するご質問について** ── 文章，数式などの記述上の不明点についてのご質問は，必ず往復はがきか返信用封筒を同封した封書でお願いいたします．ご質問は著者に回送し直接回答していただきますので，多少時間がかかります．また，本書の記載範囲を越えるご質問には応じられませんので，ご了承ください．
- ●**本書の複製等について** ── 本書のコピー，スキャン，デジタル化等の無断複製は著作権法上での例外を除き禁じられています．本書を代行業者等の第三者に依頼してスキャンやデジタル化することは，たとえ個人や家庭内の利用でも認められておりません．

JCOPY 〈出版者著作権管理機構委託出版物〉
本書の全部または一部を無断で複写複製（コピー）することは，著作権法上での例外を除き，禁じられています．本書からの複製を希望される場合は，出版者著作権管理機構（TEL：03-5244-5088）にご連絡ください．

スイッチング電源 [1] AC 入力 1 次側の設計

2015 年 4 月 30 日　初 版 発 行　© 森田 浩一 2015
2022 年 12 月 1 日　第 3 版発行
著　者　森田 浩一
発行人　櫻田 洋一
発行所　CQ 出版株式会社
〒 112-8619　東京都文京区千石 4-29-14
電話　編集　03-5395-2123
　　　販売　03-5395-2141

編集担当　蒲生 良治
DTP　西澤 賢一郎
印刷・製本　三晃印刷株式会社
乱丁・落丁本はご面倒でも小社宛お送りください．送料小社負担にてお取り替えいたします．
定価はカバーに表示してあります．
ISBN978-4-7898-4637-0
Printed in Japan